水利工程设计(案例式教学)

陈守开　主编

黄河水利出版社
·郑州·

内容提要

水利水电工程及相关专业的大专院校学生在校学习和毕业设计大多依赖课本知识,课本上或教师授课时引用的案例往往以一些大型水利工程为主,但实际状况是大多数学生毕业后更多从事一些中小型水利工程相关的工作,这易使学生产生认知偏差。本书主要以平原地区一些小型工程为对象,以水工设计为主线,从水系连通、小型湖库、低水头建筑物、除险加固工程等方面出发,串联水文、工程地质、工程任务和规模、结构计算与设计等内容。

本书可作为水利水电工程及相关专业的教材使用,也可供水利水电工程专业及相关研究者参考。

图书在版编目(CIP)数据

水利工程设计:案例式教学/陈守开主编.—郑州:黄河水利出版社,2023.8

ISBN 978-7-5509-3711-6

Ⅰ.①水… Ⅱ.①陈… Ⅲ.①水利工程-设计 Ⅳ.①TV222

中国国家版本馆CIP数据核字(2023)第161640号

策划编辑:王志宽 电话:0371-66024331 E-mail:278773941@qq.com

责任编辑 岳晓娟　　责任校对 郭 琼
封面设计 李思璇　　责任监制 常红昕
出版发行 黄河水利出版社
地址:河南省郑州市顺河路49号 邮政编码:450003
网址:www.yrcp.com E-mail:hhslcbs@126.com
发行部电话:0371-66020550
承印单位 河南承创印务有限公司
开　　本 787 mm×1 092 mm 1/16
印　　张 9.5
字　　数 220千字
版次印次 2023年8月第1版　　2023年8月第1次印刷

定　　价 39.00元

前　言

水乃生态之基，水生态文明建设是生态文明的重要组成和基础保障，随着工业化、城镇化的不断发展和全球气候变化影响加剧，未来我国面临的水安全形势将更趋严峻。河南省水资源短缺，大多数县(区)水资源严重依赖地下水、河体水污染严重、水生态环境恶化、水安全保障不足等问题十分突出。科学合理的水利工程建设是当前解决这些问题的重要内容之一。

党的二十大报告指出，坚持教育优先发展、科技自立自强、人才引领驱动，加快建设教育强国、科技强国、人才强国，坚持为党育人、为国育才，全面提高人才自主培养质量，着力造就拔尖创新人才，聚天下英才而用之。目前，水利水电工程及相关专业的大专院校学生在校学习和毕业设计大多依赖课本知识，课本上或教师授课时引用的案例往往以一些大型水利工程为主，但实际状况是大多数的学生毕业后更多从事一些与中小型水利工程相关的工作，这易使学生产生认知偏差。本书主要以平原地区一些小型工程为对象，以水工设计为主线，从水系连通、小型湖库、低水头建筑物、除险加固工程等方面出发，串联了水文、工程地质、工程任务和规模、结构计算与设计等内容，可作为水利水电工程及相关专业任课教师授课参考教材，学生在专业课学习、毕业设计时也可参考学习。

全书由华北水利水电大学陈守开主编、统稿。

由于水利工程的内容广泛、综合性和实践性强，加之作者水平有限，书中难免存在不足之处，敬请读者批评指正，以便今后进一步修改完善。

作者

2023 年 5 月

目 录

第1章　水系连通工程

1.1　工程概况

平舆县地处河南省东南部,位于北纬32°44′~33°10′、东经114°24′~114°55′。县境位于河南省驻马店市东部,距驻马店市区约60 km,东与新蔡县、安徽省临泉县接壤,北与项城市、上蔡县毗邻,南与正阳县相望,西与汝南县相邻,平舆县总面积1 282 km^2。平舆县东西连接京广铁路、京珠高速公路、107国道和京九铁路,境内有106国道贯穿南北,新阳、大广两条高速公路呈“十”字形交会,区位优势和交通条件优越。

小清河自西北向东南穿越平舆县城区,是洪汝河的一大支流,属淮河流域。小清河发源于平舆县李屯镇前岗,流经李屯镇、万冢镇、郭楼镇、清河办事处、万金店镇、双庙乡等。本次治理流域面积304.1 km^2,河流长度39.7 km。

本工程水系包括小清河及其左岸支流北环渠、港湾港、二干退水渠,以及右岸支流郭楼港、张路庄港、草河、七里河等。

小清河是平舆县主要的防洪排涝河道,现状防洪标准为20年一遇,各支流河道均未治理过,现状比降较缓,流速较慢,泄流能力有限,加之长期泥沙淤积,河床断面缩小,从而降低了河道原有的防洪排涝能力,涝灾严重。

随着平舆县经济发展和产业聚集,目前河道防洪标准较低,水质黑臭恶化,生态环境退化,河流景观单一及信息监管平台缺失,已严重影响到社会经济的可持续发展和人民生活质量的改善提高,不能满足平舆县水环境治理和生态修复的要求。

1.2　流域概况

平舆县属于淮河流域洪汝河水系,县域范围内主要有小洪河和汝河两条河道穿境而过。

小洪河:发源于舞阳县三里河,经西平、上蔡两县从后刘乡殷前村入平舆县境。至新蔡县的三岔口与汝河汇合,到豫皖交界处入淮河。小洪河位于平舆县中北部,沿岸有阳城、射桥、万冢、玉皇庙、庙湾、高杨店、杨埠、双庙、东皇9个乡镇(街道办事处),县境内河长50.4 km,流域面积980 km^2,该流域内30 km^2以上的支流有9条,5~30 km^2以上的支流有32条。

汝河:发源于泌阳县天息山,经板桥水库、宿鸭湖水库自老王岗乡黄湾村入平舆县境,至蛟停湖入新蔡县。汝河位于平舆县的西南部,沿岸有老王岗、辛店、西洋店3个乡镇,县境内河长47.5 km,流域面积291 km^2,该流域内30 km^2以上的支流有3条,5~30 km^2以上的支流有12条。

本次水环境治理和生态修复工程治理段位于平舆县城区,属于小清河流域。小清河及其支流构成平舆县城主要水系。

本工程水系包括小清河及其左岸支流北环渠、二干退水渠,以及右岸支流郭楼港、张路庄港、草河、七里河、柳港等。

1.3 水文基本资料

1.3.1 暴雨洪水特征

本区域洪水主要由暴雨产生,非汛期水量较小,汛期水量急剧增加,洪水暴涨暴落,洪水过程持续时间一般为1~3 d,从洪水发生时间看,和暴雨的发生时间相对应,多发生在7月、8月。

小清河穿越平舆县城区,洪水不仅受控于暴雨量大小及其时空分布,而且受下垫面条件的影响。城市化发展改变了原有地表的地形、地貌特性,使流域下垫面发生了显著变化,从而改变了天然流域的产流特性,表现为:一是地表硬化,不透水面积增加,径流系数增大,暴雨汇流方式从河网沟壑集流变为市政管网集流,净雨量增大,径流量增大,洪水也随之增加;二是城市建筑侵占原有河道、湖泊、坑塘,降低对洪涝水的调蓄能力;三是市政管网的布置也会在一定程度改变集流格局等。

1.3.2 暴雨洪水图集

为解决无实测流量资料地区的设计洪水计算问题,河南省水利厅先后几次组织编制了河南省水文计算图集。20世纪70年代以后,主要使用的有1973年编制的《河南省水利工程水文计算常用图》(简称《73图集》)、1984年编制的《河南省中小流域设计暴雨洪水图集》(简称《84图集》)和2005年编制的《河南省暴雨参数图集》(简称《05图集》)。

《73图集》采用的实测水文资料系列为1951~1970年,内容包括24 h、3 d、7 d、15 d、30 d暴雨参数,以及平原区和山丘区次降雨径流关系、年径流深计算参数和水蚀模数分区图、小流域洪水计算诸模图等。

1975年淮河流域上游发生"75·8"特大暴雨洪水后,原水利电力部为解决无资料地区中小型水库设计洪水计算问题及提高设计暴雨洪水的计算精度,组织全国各省市按统一要求,分析编制了中国年最大10 min、1 h、6 h、24 h"短历时点暴雨参数等值线图"和"暴雨径流查算图表"。《84图集》汇编了河南省参加这项工作的分析应用成果,采用的水文资料系列为1951~1980年,设计暴雨计算内容包括年最大10 min、1 h、6 h、24 h四种历时暴雨参数等值线图,以及实测大暴雨统计分布图、分区综合的暴雨时面深关系、24 h暴雨时程分配等;设计洪水产汇流计算包括水文分区或分流域综合的山丘区降雨径流关系、推理公式汇流参数、综合单位线地区综合系数等。

与《84图集》相比,《05图集》采用的水文资料系列为1951~2000年,系列延长近1倍,并增加了3 d暴雨统计参数资料,根据《水利水电工程设计洪水计算规范》(SL 44—2006)的有关规定,参照了《水利水电工程设计洪水计算手册》(中国水利水电出版社,1995年)的有关方法,充分运用了地理信息系统等计算机技术,采用了目前河南省暴雨方面最全面、最系统的研究成果,适用于全省流域面积1 000 km^{2}以下的中小流域暴雨洪水计算,广泛用于无流量观测资料地区的中小河流、水库、城镇工矿等防洪工程的设计洪水计算。

1.3.3 径流

小清河流域内没有水文观测站,无实测流量资料。本次采用等值线图法估算天然年径流量。多年平均年径流深R查算《河南省水资源》(2007年)附图。天然年径流量采用下式计算:

$$W = 0.1RF \tag{1-1}$$

式中:W为多年平均年径流量,万m^3;R为多年平均年径流深,mm;F为流域面积,km^2。

查《河南省水资源》(2007年)附图得流域面积重心处的多年平均年径流深为190 mm,C_v为0.71,C_s/C_v=2.0。经计算,不同频率设计成果见表1-1。

表1-1 流域设计天然年径流量计算成果 单位:万m^3

河道	流域面积/km^2	均值	C_v	C_s/C_v	不同频率p下的年径流量		
					50%	75%	90%
小清河	182.0	3 458	0.71	2	2 905	1 660	899
北环渠	4.0	76	0.71	2	64	36	20
郭楼港	14.1	268	0.71	2	225	129	70
张路庄港	7.6	144	0.71	2	121	69	38
草河	29.2	555	0.71	2	466	266	144
二干退水渠	3.1	59	0.71	2	49	28	15
七里河	30.1	572	0.71	2	480	275	149
柳港	34.0(三干退水渠以上)	646	0.71	2	542	311	168

1.3.4 设计洪水计算

本次治理区均属于平原区。由于本地区无实测流量资料,设计洪水采用平原地区排涝模数公式计算洪峰流量。根据《防洪标准》(GB 50201—2014)及《治涝标准》(SL 723—

2016),治理段防洪标准为20~50年一遇,除涝标准为10年一遇。考虑治理段保护范围内河道两岸城镇密集,保护农田范围较广,因此确定治理段防洪标准为50年一遇,除涝标准为10年一遇。

1.3.5　设计洪水

本次治理段均属于平原区,采用平原地区排涝模数公式计算洪峰流量,设计暴雨根据《05图集》查算。

1.3.5.1　支流设计洪水

本次治理段各支流均属于平原区,采用平原地区排涝模数公式计算洪峰流量,设计暴雨根据《05图集》查算。计算过程同上,各支流设计暴雨、洪峰流量等计算参数成果见表1-2~表1-8。

表1-2　北环渠设计暴雨、洪峰流量等计算参数成果

项目	$p=20\%$	$p=10\%$	$p=5\%$	$p=2\%$
流域面积 F/km^2	4.0	4.0	4.0	4.0
点雨量均值/mm	120	120	120	120
C_v	0.75	0.75	0.75	0.75
C_s/C_v	3.5	3.5	3.5	3.5
雨量值 K_p	1.37	1.93	2.51	3.31
设计面雨量 P/mm	164.4	231.6	301.2	397.2
前期影响雨量 P_a/mm	45	55	55	80
$(P+P_a)$/mm	209.4	286.6	356.2	477.2
设计净雨量 R/mm	101.0	172.5	239.3	356.3
峰量关系综合系数 K	0.03	0.03	0.03	0.03
面积指数	0.75	0.75	0.75	0.75
洪峰流量折算系数 α	1	0.9	0.8	0.7
洪峰流量 Q_m/(m^3/s)	8.6	13.2	16.2	21.2
24 h设计流量 W_{24}/万m^3	40.4	69.0	95.7	142.5

注: 表中 W_{24} 的取值保留1位小数,表1-2~表1-8同。

表1-3　郭楼港设计暴雨、洪峰流量等计算参数成果

项目	$p=20\%$	$p=10\%$	$p=5\%$	$p=2\%$
流域面积/km^2	14.1	14.1	14.1	14.1
点雨量均值/mm	120	120	120	120
C_v	0.75	0.75	0.75	0.75
C_s/C_v	3.5	3.5	3.5	3.5
雨量值 K_p	1.37	1.93	2.51	3.31
设计面雨量 P/mm	164.4	231.6	301.2	397.2
前期影响雨量 P_a/mm	45	55	55	80
$(P+P_a)$/mm	209.4	286.6	356.2	477.2
设计净雨量 R/mm	101.0	172.5	239.3	356.3
峰量关系综合系数 K	0.03	0.03	0.03	0.03
面积指数	0.75	0.75	0.75	0.75
洪峰流量折算系数 α	1	0.9	0.8	0.7
洪峰流量 Q_m/(m^3/s)	22.0	33.9	41.8	54.4
24 h 设计流量 W_{24}/万 m^3	142.4	243.2	337.4	502.4

表1-4　张路庄港设计暴雨、洪峰流量等计算参数成果

项目	$p=20\%$	$p=10\%$	$p=5\%$	$p=2\%$
流域面积/km^2	7.6	7.6	7.6	7.6
点雨量均值/mm	120	120	120	120
C_v	0.75	0.75	0.75	0.75
C_s/C_v	3.5	3.5	3.5	3.5
雨量值 K_p	1.37	1.93	2.51	3.31
设计面雨量 P/mm	164.4	231.6	301.2	397.2
前期影响雨量 P_a/mm	45	55	55	80
$(P+P_a)$/mm	209.4	286.6	356.2	477.2
设计净雨量 R/mm	101.0	172.5	239.3	356.3
峰量关系综合系数 K	0.03	0.03	0.03	0.03
面积指数	0.75	0.75	0.75	0.75
洪峰流量折算系数 α	1	0.9	0.8	0.7
洪峰流量 Q_m/(m^3/s)	13.9	21.3	26.3	34.2
24 h 设计流量 W_{24}/万 m^3	76.8	131.1	181.9	270.8

表 1-5 草河设计暴雨、洪峰流量等计算参数成果

项目	$p=20\%$	$p=10\%$	$p=5\%$	$p=2\%$
流域面积/km^2	29. 2	29. 2	29. 2	29. 2
点雨量均值/mm	120	120	120	120
C_v	0. 75	0. 75	0. 75	0. 75
C_s/C_v	3. 5	3. 5	3. 5	3. 5
雨量值 K_p	1. 37	1. 93	2. 51	3. 31
设计面雨量 P/mm	164. 4	231. 6	301. 2	397. 2
前期影响雨量 P_a/mm	45	55	55	80
$(P+P_a)$/mm	209. 4	286. 6	356. 2	477. 2
设计净雨量 R/mm	101. 0	172. 5	239. 3	356. 3
峰量关系综合系数 K	0. 03	0. 03	0. 03	0. 03
面积指数	0. 75	0. 75	0. 75	0. 75
洪峰流量折算系数 α	1	0. 9	0. 8	0. 7
洪峰流量 Q_m/(m^3/s)	38. 1	58. 5	72. 2	94. 0
24 h 设计流量 W_{24}/万 m^3	294. 9	503. 7	698. 8	1 040. 4

表 1-6 二干退水渠设计暴雨、洪峰流量等计算参数成果

项目	$p=20\%$	$p=10\%$	$p=5\%$	$p=2\%$
流域面积/km^2	3. 1	3. 1	3. 1	3. 1
点雨量均值/mm	120	120	120	120
C_v	0. 75	0. 75	0. 75	0. 75
C_s/C_v	3. 5	3. 5	3. 5	3. 5
雨量值 K_p	1. 37	1. 93	2. 51	3. 31
设计面雨量 P/mm	164. 4	231. 6	301. 2	397. 2
前期影响雨量 P_a/mm	45	55	55	80
$(P+P_a)$/mm	209. 4	286. 6	356. 2	477. 2
设计净雨量 R/mm	101. 0	172. 5	239. 3	356. 3
峰量关系综合系数 K	0. 03	0. 03	0. 03	0. 03
面积指数	0. 75	0. 75	0. 75	0. 75
洪峰流量折算系数 α	1	0. 9	0. 8	0. 7
洪峰流量 Q_m/(m^3/s)	7. 1	10. 9	13. 4	17. 5
24 h 设计流量 W_{24}/万 m^3	31. 3	53. 5	74. 2	110. 5

表 1-7　七里河设计暴雨、洪峰流量等计算参数成果

项目	$p=20\%$	$p=10\%$	$p=5\%$	$p=2\%$
流域面积/km^2	30.1	30.1	30.1	30.1
点雨量均值/mm	120	120	120	120
C_v	0.75	0.75	0.75	0.75
C_s/C_v	3.5	3.5	3.5	3.5
雨量值 K_p	1.37	1.93	2.51	3.31
设计面雨量 P/mm	164.4	231.6	301.2	397.2
前期影响雨量 P_a/mm	45	55	55	80
$(P+P_a)$/mm	209.4	286.6	356.2	477.2
设计净雨量 R/mm	101.0	172.5	239.3	356.3
峰量关系综合系数 K	0.03	0.03	0.03	0.03
面积指数	0.75	0.75	0.75	0.75
洪峰流量折算系数 α	1	0.9	0.8	0.7
洪峰流量 Q_m/(m^3/s)	38.9	59.8	73.8	96.2
24 h 设计流量 W_{24}/万 m^3	304.0	519.2	720.3	1 072.5

表 1-8　柳港设计暴雨、洪峰流量等计算参数成果

项目	$p=20\%$	$p=10\%$	$p=5\%$	$p=2\%$
流域面积/km^2	34.0	34.0	34.0	34.0
点雨量均值/mm	120	120	120	120
C_v	0.75	0.75	0.75	0.75
C_s/C_v	3.5	3.5	3.5	3.5
雨量值 K_p	1.37	1.93	2.51	3.31
设计面雨量 P/mm	164.4	231.6	301.2	397.2
前期影响雨量 P_a/mm	45	55	55	80
$(P+P_a)$/mm	209.4	286.6	356.2	477.2
设计净雨量 R/mm	101.0	172.5	239.3	356.3
峰量关系综合系数 K	0.03	0.03	0.03	0.03
面积指数	0.75	0.75	0.75	0.75
洪峰流量折算系数 α	1	0.9	0.8	0.7
洪峰流量 Q_m/(m^3/s)	42.7	65.6	80.9	105.4
24 h 设计流量 W_{24}/万 m^3	343.4	586.5	813.6	1 211.4

1.3.5.2　治理段设计洪水

根据以上计算过程，各治理段干流区间及支流洪峰流量见表 1-9。

表 1-9 各治理段内干流区间及支流洪峰流量 单位:m^3/s

河流名称	区间	$p=20\%$	$p=10\%$	$p=5\%$	$p=2\%$
小清河干流	治理起点(北环渠)以上	75.9	117.2	144.7	189.3
	治理起点—郭楼港	8.6	13.2	16.2	21.2
	治理起点—张路庄港	29.9	46.0	56.7	73.9
	治理起点—草河	44.3	68.0	83.9	109.3
	治理起点—二干退水渠	69.0	106.5	131.5	172.0
	治理起点—治理终点(七里河)	73.5	113.4	140.1	183.2
支流	北环渠	8.6	13.2	16.2	21.2
	郭楼港	22.0	33.9	41.8	54.4
	张路庄港	13.9	21.3	26.3	34.2
	草河	38.1	58.5	72.2	94.0
	二干退水渠	7.1	10.9	13.4	17.5
	七里河	38.9	59.8	73.8	96.2

不考虑河道洪水演进及错峰,治理段起点洪水成果与各区间洪水叠加后,治理段各桩号处采用的设计洪水成果见表 1-10。

表 1-10 治理段各桩号洪水成果 单位:m^3/s

河流名称	区间	$p=20\%$	$p=10\%$	$p=5\%$	$p=2\%$
小清河干流	治理起点(北环渠)以上	75.9	117.2	144.7	189.3
	郭楼港	84.5	130.4	160.9	210.5
	张路庄港	105.8	163.2	201.4	263.2
	草河	120.2	185.2	228.6	298.6
	二干退水渠	144.9	223.7	276.2	361.3
	治理终点(七里河)	149.4	230.6	284.8	372.5
支流	北环渠(桩号 0+000)	8.6	13.2	16.2	21.2
	郭楼港(桩号 0+200)	22.0	33.9	41.8	54.4
	张路庄港(桩号 2+490)	13.9	21.3	26.3	34.2
	草河(桩号 5+340)	38.1	58.5	72.2	94.0
	二干退水渠(桩号 6+910)	7.1	10.9	13.4	17.5
	七里河(桩号 7+380)	38.9	59.8	73.8	96.2

注:表中干流各断面桩号处洪峰流量值均为该断面处支流汇入前的值。

需要说明的是:在上述设计洪水计算过程中,本次治理河道除小清河干流城区段为城市建成区外,其他河道大部分流域均为农田区。根据《平舆县城乡总体规划》(2011—2030),本次治理河道城区段未来周边为城市建成区(约占总流域面积的 25%),城市化发展会改变现有地形地貌特性,使流域下垫面发生变化,从而改变流域的产流特性。对未来城市建成区,本次参照《室外排水设计标准》(GB 50014—2021),按照地面种类加权计算了设计径流深,并与非城区降雨径流进行了对比,结果相差不明显,加之未来城市建成区占总流域面积比例不大,故本次设计洪水成果以表 1-10 为准。

1.3.6　产流计算

根据《河南省水利工程水文计算常用图》中平原区次降雨径流关系($P+P_a$)~R(Ⅱ线洪汝河),计算 24 h 设计净雨量 R_{24}。流域最大初损 $I_m=100$ mm;P_a 为设计前期影响雨量,5 年一遇采用 45 mm,10~20 年一遇采用 55 mm,50 年一遇采用 80 mm。

1.3.7　汇流计算

1.3.7.1　设计洪量

设计洪量采用降雨径流关系,按 24 h 设计净雨量计算。24 h 设计洪量用下式计算:

$$W_{24}=0.1R_{24}F \tag{1-2}$$

式中:W_{24} 为 24 h 设计洪量,万 m^3;R_{24} 为 24 h 设计净雨量,mm;F 为流域面积,km^2。

1.3.7.2　设计洪峰流量

洪峰流量计算采用平原地区排水模数公式计算洪峰流量,计算公式如下:

$$M=KRF-0.25\alpha \tag{1-3}$$

$$Q_m=KRF^{0.75}\alpha \tag{1-4}$$

式中:M 为排水模数,$m^3/(s\cdot km^2)$;Q_m 为洪峰流量,m^3/s;R 为设计净雨量,mm;F 为流域面积,km^2;K 为峰量关系综合系数;α 为超过河道排水标准的洪峰流量折算系数,α 分不同标准采用:3~5 年一遇为 1.0,10 年一遇为 0.9,20 年一遇为 0.8,大于或等于 50 年一遇为 0.7。

1.3.7.3　设计洪水成果

治理段起点断面及起点至各桩号处区间设计暴雨、洪峰流量等计算参数成果见表 1-11~表 1-16。

1.3.8　施工期洪水

1.3.8.1　施工期洪水标准

根据《水利水电工程等级划分及洪水标准》(SL 252—2017)及《水利水电工程施工组织设计规范》(SL 303—2017),确定小清河施工期设计洪水标准为非汛期 5 年一遇。

表 1-11 治理段起点(北环渠)断面设计暴雨、洪峰流量等计算参数成果

项目	$p=20\%$	$p=10\%$	$p=5\%$	$p=2\%$
流域面积/km^2	77.6	77.6	77.6	77.6
点雨量均值/mm	120	120	120	120
C_v	0.75	0.75	0.75	0.75
C_s/C_v	3.5	3.5	3.5	3.5
雨量值 K_p	1.37	1.93	2.51	3.31
设计面雨量 P/mm	159.5	224.6	292.2	385.3
前期影响雨量 P_a/mm	45	55	55	80
$(P+P_a)$/mm	204.5	279.6	347.2	465.3
设计净雨量 R/mm	96.8	166.0	230.6	344.8
峰量关系综合系数 K	0.03	0.03	0.03	0.03
面积指数	0.75	0.75	0.75	0.75
洪峰流量折算系数 α	1	0.9	0.8	0.7
洪峰流量 Q_m/(m^3/s)	75.9	117.2	144.7	189.3
24 h 设计流量 W_{24}/万 m^3	751.2	1 288.2	1 789.5	2 675.6

注:1. 表中流域面积均不包含该断面处支流汇入面积。

2. 表中 W_{24} 的取值保留 1 位小数,表 1-11~表 1-16 同。

表 1-12 治理起点—郭楼港干流区间设计暴雨、洪峰流量等计算参数成果

项目	$p=20\%$	$p=10\%$	$p=5\%$	$p=2\%$
流域面积/km^2	4.0	4.0	4.0	4.0
点雨量均值/mm	120	120	120	120
C_v	0.75	0.75	0.75	0.75
C_s/C_v	3.5	3.5	3.5	3.5
雨量值 K_p	1.37	1.93	2.51	3.31
设计面雨量 P/mm	164.4	231.6	301.2	397.2
前期影响雨量 P_a/mm	45	55	55	80
$(P+P_a)$/mm	209.4	286.6	356.2	477.2
设计净雨量 R/mm	101.0	172.5	239.3	356.3
峰量关系综合系数 K	0.03	0.03	0.03	0.03
面积指数	0.75	0.75	0.75	0.75
洪峰流量折算系数 α	1	0.9	0.8	0.7
洪峰流量 Q_m/(m^3/s)	8.6	13.2	16.2	21.2
24 h 设计流量 W_{24}/万 m^3	40.4	69.0	95.7	142.5

表 1-13　治理起点—张路庄港干流区间设计暴雨、洪峰流量等计算参数成果

项目	$p=20\%$	$p=10\%$	$p=5\%$	$p=2\%$
流域面积/km^2	21.2	21.2	21.2	21.2
点雨量均值/mm	120	120	120	120
C_v	0.75	0.75	0.75	0.75
C_s/C_v	3.5	3.5	3.5	3.5
雨量值 K_p	1.37	1.93	2.51	3.31
设计面雨量 P/mm	164.4	231.6	301.2	397.2
前期影响雨量 P_a/mm	45	55	55	80
$(P+P_a)$/mm	209.4	286.6	356.2	477.2
设计净雨量 R/mm	101.0	172.5	239.3	356.3
峰量关系综合系数 K	0.03	0.03	0.03	0.03
面积指数	0.75	0.75	0.75	0.75
洪峰流量折算系数 α	1	0.9	0.8	0.7
洪峰流量 Q_m/(m^3/s)	29.9	46.0	56.7	73.9
24 h 设计流量 W_{24}/万 m^3	214.1	365.7	507.3	755.4

表 1-14　治理起点—草河干流区间设计暴雨、洪峰流量等计算参数成果

项目	$p=20\%$	$p=10\%$	$p=5\%$	$p=2\%$
流域面积/km^2	35.7	35.7	35.7	35.7
点雨量均值/mm	120	120	120	120
C_v	0.75	0.75	0.75	0.75
C_s/C_v	3.5	3.5	3.5	3.5
雨量值 K_p	1.37	1.93	2.51	3.31
设计面雨量 P/mm	164.4	231.6	301.2	397.2
前期影响雨量 P_a/mm	45	55	55	80
$(P+P_a)$/mm	209.4	286.6	356.2	477.2
设计净雨量 R/mm	101.0	172.5	239.3	356.3
峰量关系综合系数 K	0.03	0.03	0.03	0.03
面积指数	0.75	0.75	0.75	0.75
洪峰流量折算系数 α	1	0.9	0.8	0.7
洪峰流量 Q_m/(m^3/s)	44.3	68.0	83.9	109.3
24 h 设计流量 W_{24}/万 m^3	360.6	615.8	854.3	1 272.0

表 1-15　治理起点—二干退水渠干流区间设计暴雨、洪峰流量等计算参数成果

项目	$p=20\%$	$p=10\%$	$p=5\%$	$p=2\%$
流域面积/km^2	68.3	68.3	68.3	68.3
点雨量均值/mm	120	120	120	120
C_v	0.75	0.75	0.75	0.75
C_s/C_v	3.5	3.5	3.5	3.5
雨量值 K_p	1.37	1.93	2.51	3.31
设计面雨量 P/mm	159.5	224.6	292.2	385.3
前期影响雨量 P_a/mm	45	55	55	80
$(P+P_a)$/mm	204.5	279.6	347.2	465.3
设计净雨量 R/mm	96.8	166.0	230.6	344.8
峰量关系综合系数 K	0.03	0.03	0.03	0.03
面积指数	0.75	0.75	0.75	0.75
洪峰流量折算系数 α	1	0.9	0.8	0.7
洪峰流量 Q_m/(m^3/s)	69.0	106.5	131.5	172.0
24 h 设计流量 W_{24}/万 m^3	661.1	1 133.8	1 575.0	2 355.0

表 1-16　治理起点—治理终点(七里河)干流区间设计暴雨、洪峰流量等计算参数成果

项目	$p=20\%$	$p=10\%$	$p=5\%$	$p=2\%$
流域面积/km^2	74.3	74.3	74.3	74.3
点雨量均值/mm	120	120	120	120
C_v	0.75	0.75	0.75	0.75
C_s/C_v	3.5	3.5	3.5	3.5
雨量值 K_p	1.37	1.93	2.51	3.31
设计面雨量 P/mm	159.5	224.6	292.2	385.3
前期影响雨量 P_a/mm	45	55	55	80
$(P+P_a)$/mm	204.5	279.6	347.2	465.3
设计净雨量 R/mm	96.8	166.0	230.6	344.8
峰量关系综合系数 K	0.03	0.03	0.03	0.03
面积指数	0.75	0.75	0.75	0.75
洪峰流量折算系数 α	1	0.9	0.8	0.7
洪峰流量 Q_m/(m^3/s)	73.5	113.4	140.1	183.2
24 h 设计流量 W_{24}/万 m^3	719.2	1 233.4	1 713.4	2 561.9

1.3.8.2　施工期设计洪水计算

根据施工设计要求及本流域洪水季节变化的特征,全年降水主要集中在 6~9 月。施工期安排在非汛期 11 月至次年 4 月,施工期洪水按 5 年一遇设计标准进行计算。

本流域无实测流量资料,施工期洪水采用相邻的许昌地区的综合流量模数成果计算。根据淮河水利委员会审批的《河南省淮河流域沙颍河重点平原洼地治理工程可行性研究报告》(河南省水利勘测设计研究有限公司,2010 年 3 月),非汛期(11 月至次年 4 月)5 年一遇综合流量模数为 0.045 $m^3/(s \cdot km^2)$。小清河治理段内各干流区间及支流 5 年一遇非汛期洪峰流量成果见表 1-17。

表 1-17　各治理段内干流区间及支流非汛期洪峰流量　　单位:m^3/s

河流名称	区间	非汛期 5 年一遇洪峰流量/(m^3/s)
小清河干流	治理起点(北环渠)	3.5
	郭楼港	3.7
	张路庄港	4.4
	草河	5.1
	二干退水渠	6.6
	治理终点(七里河)	6.8
支流	北环渠(桩号 0+000)	0.18
	郭楼港(桩号 0+200)	0.63
	张路庄港(桩号 2+490)	0.34
	草河(桩号 5+340)	1.31
	二干退水渠(桩号 6+910)	0.14
	七里河(桩号 7+380)	1.35

注:表中各桩号以上控制流域面积均不包含桩号处支流汇入面积。

1.4　区域地质概况

1.4.1　地形地貌

平舆县属淮北平原区,地形西高东低,中间高、南北较低,最高点地面标高 48 m,最低点地面标高 38 m,坡降 1/4 000~1/6 000。

按地貌成因类型及地理位置的不同,可分为冲积-沼泽相堆积平原与洪汝河冲积平原两个亚类。

1.4.1.1　冲积-沼泽相堆积平原

冲积-沼泽相堆积平原分布于除洪汝河两侧的大部分区域,面积约 861.6 km^2,占平舆县总面积的 67.2%,地面标高 38.5 m 左右,坡降 1/4 000~1/6 000,西高东低。区内河流主要为洪汝河支流,有北马肠河、南马肠河、荆河、马港河、小清河、草河、杨河等,多数河道经人工治理。河床宽阔,多呈 U 形,切割较浅,无河漫滩。在高洋店、杨埠、和店之间多处分布微高地,高出地面 3~5 m。

1.4.1.2 洪汝河冲积平原

洪汝河冲积平原分布于洪汝河两侧,由洪汝河冲积而成;面积约 420.4 km²,占平舆县总面积的 32.8%,地面标高 40~48 m,坡降 1/1 000~1/4 000,西高东低,北高南低。洪汝河属人工治理河道,两岸有坚固河堤。洪汝河河床宽 30~60 m,深 10 m 左右,堤内宽度 100~150 m;汝河河床宽 50~80 m,深 10~15 m,堤内宽度 150~200 m。新河道两侧断续可见旧河道遗迹,宽 30~70 m,深 8~13 m,常有积水。

1.4.2 地层岩性

根据《河南省区域地质志》,工程区属华北地层区华北地层分区的豫东小区。前第四纪地层的划分是依据前人资料和本次野外地层岩性的调查,再与区域地层对比进行划分的。对第四纪地层,则在前人资料的基础上结合地层的地貌分布、地层岩性特征、地层叠置关系、绝对年龄测定及与邻区典型地层剖面对比等综合分析,进行较详细的划分。

本工程涉及的地层主要为第四系(Q),结合本次钻孔揭露的地层岩性,地表上部 2~3 m 主要为第四系全新统冲湖积层(Q_4^{al}),岩性为重粉质壤土;地表以下 2~11 m 主要为第四系上更新统冲湖积层(Q_3^{al}),岩性为重粉质壤土;10~11 m 以下主要为第四系中更新统冲洪积层(Q_2^{al+pl}),岩性为粉质黏土。

1.4.3 地质构造与地震烈度

1.4.3.1 地质构造

场区位于中朝准地台(Ⅰ)的华北坳陷区($Ⅰ_4$)西平—平舆凸起($Ⅰ_{74}$)东段。西平—平舆凸起基底实际上是渑池—确山陷褶断束向东延伸部分。上第三纪以后,西面渑池—确山陷褶断束继续向上隆起,本区则随华北坳陷整体沉陷接收沉积。基底构造线方向为近东西向,东端有向北偏转趋势,由太古界—古生界组成复式背斜,在西平—上蔡南、旧沈丘、新蔡等地以太古界为核心形成 4 个穹隆状构造,呈北西西向串珠状展布于凸起南北两侧。断裂以北西西向以正断层为主,次为北东向平推正断层,而且多发育在凸起边缘地带。主要断裂有北侧的射桥断裂、老城断裂和南侧的汝南断裂。

1.4.3.2 地震及地震动参数

1. 地震

场区位于豫皖地震构造区,华北平原地震带内,构造线走向以北西近东西向为主,中生代至第三纪发育大量断陷盆地。上第三纪以来,盆地沉降变形以坳陷为主,差异活动较弱,盆地中沉积了巨厚的物质。第四纪以来地震活动强度小,频度低。

2. 地震动参数

根据《中国地震动参数区划图》(GB 18306—2015),平舆县地震动峰值加速度为 0.05g,相当于地震基本烈度Ⅵ度,反应谱特征周期为 0.35 s。

1.5　工程任务

本工程的任务为：以驻马店市人民政府办公室文件《驻马店市人民政府办公室关于印发驻马店市水污染防治攻坚战6个实施方案的通知》(驻政办〔2017〕8号)的水质要求为基础，以平舆县城水环境治理和生态修复为目标，结合城市总体规划，在保证河道城市防洪排涝安全的前提下，疏浚连通平舆县城区河道，建立类羽状水系，形成水绕平舆、水美平舆的景观效果；通过对污水处理厂的提标改造，满足河道排放水质要求，结合调蓄湖工程，解决水资源短缺问题；结合国家当前对城市水环境治理及河长制的要求，建立高效的水环境自动化监测系统及相应的配套设施；按照海绵城市理念，保护与修复平舆县水生态系统，维持河道的健康生命，打造协调、绿色宜居环境，提高城市品位，实现美丽、生态、宜居的平舆梦。

1.5.1　工程建设规模

1.5.1.1　防洪排涝标准

小清河属于小洪河支流，小洪河上游建有石漫滩水库，中上游建有杨庄滞洪区和老王坡滞洪区，石漫滩水库以上属于山丘区，杨庄以下进入平原区。小洪河现状除涝标准为3年一遇，防洪标准为10年一遇。

小清河现状防洪标准为20年一遇，参照《防洪标准》(GB 50201—2014)、《治涝标准》(SL 723—2016)及《城市防洪工程设计规范》(GB/T 50805—2012)，目前平舆县城市防护区防护等级为Ⅲ等，防洪标准为50~100年一遇。小清河承担平舆县主要防洪任务，小清河防洪标准采用50年一遇，各支流均按照20年一遇防洪、10年一遇除涝标准设计。

1.5.1.2　工程设计理念

本次平舆县水环境治理和生态修复工程规划设计在考虑原有治河模式的同时，突出城市河道的特点，适应平舆县快速发展和水环境、水生态的需要，服从城市总体规划，提出了以下设计考虑：

(1)满足城市河道防洪排涝要求，构筑科学合理、安全可靠的防洪排涝体系。

(2)兼顾河道生态修复与滨水环境建设的需要，考虑生态化治理。

1.5.1.3　工程治理范围

本次河道治理范围包括平舆县城区段小清河及其支流水系。起点为北环渠入小清河口，终点为七里河入小清河口，包括小清河左岸支流北环渠(桩号0+000)、二干退水渠(桩号6+910)，以及右岸支流郭楼港(桩号0+200)、张路庄港(桩号2+490)、草河(桩号5+340)、七里河(桩号7+380)等。小清河、草河两条河道基本治理完毕，本次工程主要以恢复河道生态为主。陈蕃公园以下港湾港由于位于老城核心区，大部分河道被城市建筑物覆盖，本次以疏通水系为主；北环路以上港湾港两侧均为农田，本次以疏挖引水为主。

1.5.1.4 小清河及支流整治工程

1. 河道清淤工程

根据地质勘察报告,本次治理范围内,小清河干流淤泥层厚为0.3~1.3 m,平均厚度为0.9 m;草河平均淤泥层厚度为0.7 m;北环渠基本无淤积;郭楼港淤泥层厚度为1.8~2.3 m,平均厚度为2.0 m;张路庄港淤泥层厚度约为0.5 m;二干退水渠淤泥层厚度为0.5~1.2 m,平均厚度为0.8 m;七里河淤泥层厚度为0.5~0.8 m,平均厚度为0.6 m。

河道底泥淤积一方面破坏了河道断面的完整性,缩小了行洪断面;另一方面底泥中存蓄大量的污染物,当河道外源污染得到控制后,底泥中的污染物质会释放进入水体,导致水体富营养化,因此需要对河道淤泥层进行部分清淤。

2. 河道疏挖工程

现状河道区间情况如下:

小清河(桩号0+000~7+380),河底宽度18~25 m,河底高程37.7~36.3 m,边坡1∶2.5,河底比降1/5 000。

北环渠(桩号0+000~2+433),河底宽度4~6 m,边坡1∶1~1∶2.0,河底比降1/3 000。

郭楼港(桩号0+000~2+800),河底宽度7~15 m,边坡1∶0.5~1∶2.5,河底比降1/1 000~1/5 000。

张路庄港(桩号0+000~3+750),河底宽度4~8 m,边坡1∶1~1∶2.5,河底比降1/600~1/2 500。

草河(桩号0+000~6+300),河底宽度20 m,河底高程39.1~38.4 m,边坡1∶2.0,河底比降1/6 000。

二干退水渠(桩号5+100~10+075.5),河底宽度3~8 m,边坡1∶1~1∶2.5,河底比降1/1 000~1/3 000。

七里河(桩号0+000~11+300),河底宽度7~15 m,边坡1∶1~1∶3,河底比降1/600~1/4 000。

根据确定的防洪排涝标准分析小清河及其支流现状河道的水位线,结合河道现状地形条件,本次设计以扩挖河道主槽方案为主。

通过扩挖河道主槽断面,增大小清河及其支流的过流能力,尽量降低防洪排涝水位,满足小清河雨水管网排水要求及市民亲水要求。

1)河道纵断面设计

根据河道两岸地形条件和现状河道比降,经综合分析确定河底比降。河道比降拟定不改变河道基本走势。当现状河底高于设计河底时,河道按设计河底疏挖;现状河底低于设计河底时,不做填方处理,设计河底以现状河底为准。

2)河道横断面设计

河道横断面设计时首先要满足河道的防洪排涝要求,其次要兼顾河道的生态、满足亲水要求。

根据小清河及其支流现状断面的实际情况,均采用梯形断面,原有河宽不足设计河宽时,河道按设计断面疏挖,原有河宽大于设计河宽时,不做填方处理,需将河势理顺。

3)设计水位

本次数值计算运用丹麦水力研究所开发的MIKE11一维水动力学模块对小清河水系河网的防洪能力进行数值模拟。运用MIKE11后处理软件MIKEVIEW对数值模拟的结果对比分析。

选取模型范围为:上边界为北环渠入小清河河口上游约120 m处(小清河桩号0+000),下边界为七里河入小清河河口下游约140 m处(小清河桩号7+520)。模拟范围纵向总长约6.4 km,模拟横向最大宽度约为8.3 km。为了较好反映河道地形,满足流场计算精度要求,本模型根据工程研究问题与河道平面特点,共选取133个断面,其中小清河40个断面、北环渠13个断面、草河8个断面、二干退水渠18个断面、七里河15个断面、郭楼港16个断面、张路庄港23个断面,断面间距一般为200~300 m。

(1)控制方程。

一维水动力学模型控制方程为Saint-Venant方程组。

(2)上、下游开边界条件。

本次治理河道小清河及其支流均无水文站,没有相应的控制水位数据。

本模型中上游水流边界采用相应频率对应最大洪峰流量恒定流过程。小清河及各支流的洪水洪峰流量采用水文分析计算成果,分别对现状和工程工况10年一遇、20年一遇及50年一遇3种不同频率洪水洪峰流量恒定流进行计算。

下游开边界即河道出口断面条件,计算区域下边界取在七里河入小清河河口下游约140 m处(小清河桩号7+520)的河道断面。按照均匀流计算得到的该断面的水位流量过程关系作为控制下游边界条件。河道下游边界出口断面水位-流量过程关系见表1-18、图1-1。

表1-18　河道下游边界出口断面水位-流量过程关系

水位/m	面积/m^2	水力半径/m	水面宽度/m	比降	糙率	流量/(m^3/s)
36.00	0	0	0	0.000 286	0.027	0
36.98	24.89	0.94	27.89	0.000 286	0.027	14.96
38.22	63.23	2.05	34.08	0.000 286	0.027	63.82
39.14	97.01	2.83	38.72	0.000 286	0.027	121.57
40.07	135.10	3.59	43.36	0.000 286	0.027	198.19
41.00	177.50	4.32	48.00	0.000 286	0.027	294.80
41.97	230.22	4.97	56.84	0.000 286	0.027	419.80
43.19	303.61	5.85	62.97	0.000 286	0.027	617.16
43.55	326.85	6.09	74.50	0.000 286	0.027	682.61

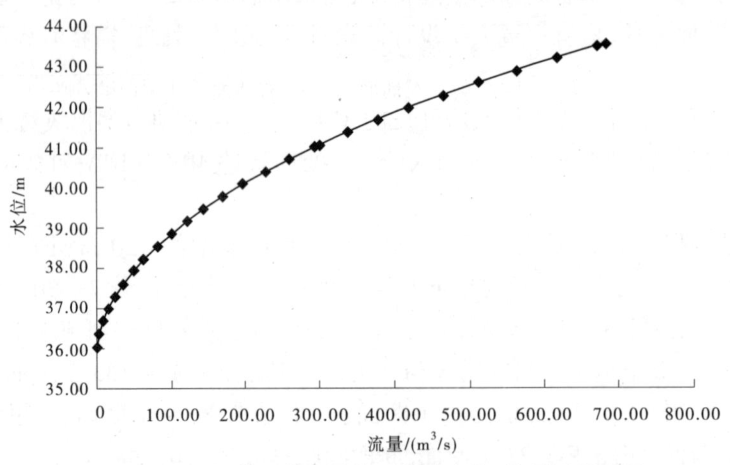

图 1-1 河道下游边界出口断面水位-流量过程关系

(3)水位推算成果。

按上述原理,采用实测纵横断面,河道中河槽糙率 n 值采用 0.027。小清河及其支流现状水面线成果见表 1-19~表 1-25。

(4)小清河支流断面设计。

结合现状河道水面线成果,河道扩挖主槽后,断面设计如下:

小清河(桩号 0+000~7+380),河道防洪标准断面采用复式梯形断面,河底宽度 20~23 m,河底高程 36.5~36.0 m,平台高程 41.0 m。平台宽 2 m,边坡 1:2.5,河底比降 0。

北环渠(桩号 0+000~5+100),河道防洪标准断面采用复式梯形断面,其中河道边坡不陡于 1:2.5,河底宽度不小于 8 m,常水位 42.00 m,并设有 2 m 宽水下平台,高程为 41.50 m。河道于桩号 0+100 处建设液压坝 1 座,坝高 2 m,0+000~2+433 段河道纵比降为 1/2 400,2+433~5+100 段河道纵比降为 0。

表 1-19 小清河现状河道水面线推算成果

桩号	位置	现状断面			设计水位		
		现状河底高程/m	左地面高程/m	右地面高程/m	10 年一遇水位/m	20 年一遇水位/m	50 年一遇水位/m
0+000	北环渠	37.76	43.76	43.87	42.20	42.72	43.47
0+200	郭楼港	37.57	44.94	44.05	42.19	42.71	43.46
0+980	德馨桥	37.40	43.89	43.81	42.14	42.66	43.40
2+490	张路庄港	37.28	43.42	43.24	42.05	42.58	43.31
3+340	草河	36.75	43.32	43.02	41.78	42.31	43.00
6+910	二干退水渠	36.52	42.54	42.50	41.54	42.06	42.73
7+380	七里河	36.28	42.43	42.22	41.50	42.02	42.69

表1-20 北环渠现状河道水面线推算成果

桩号	位置	现状断面			设计水位	
		现状河底高程/m	左地面高程/m	右地面高程/m	10年一遇水位/m	20年一遇水位/m
0+000	入小清河处	38.65	42.14	42.54	42.20	42.72
0+200		41.27	43.33	43.31	42.30	42.73
0+400		42.12	43.73	43.54	43.43	43.57
0+600		42.16	43.85	43.98	43.70	43.87
0+800		43.14	43.83	44.29	44.05	44.13
1+000		42.07	44.06	44.33	44.14	44.22
1+200		41.99	44.02	44.43	44.18	44.26
1+400		42.24	43.97	44.55	44.22	44.30
1+600		42.70	43.86	44.41	44.25	44.33
1+800		42.76	44.01	44.49	44.28	44.37
2+000		42.28	43.98	43.98	44.32	44.40
2+200		42.35	44.32	44.45	44.33	44.41
2+433		42.61	43.85	44.26	44.34	44.42

表1-21 郭楼港现状河道水面线推算成果

桩号	位置	现状断面			设计水位	
		现状河底高程/m	左地面高程/m	右地面高程/m	10年一遇水位/m	20年一遇水位/m
0+000	西环路交汇处	40.68	44.42	44.54	42.62	43.03
0+200		40.30	43.75	43.87	42.60	43.02
0+400		40.11	44.14	43.53	42.51	42.93
0+600		40.60	43.60	43.58	42.47	42.92
0+800		40.52	43.75	43.68	42.41	42.87
1+000		39.91	43.89	43.17	42.40	42.87
1+200		39.90	43.02	43.17	42.36	42.84
1+400		39.88	43.97	43.19	42.35	42.83
1+600		39.86	43.25	43.53	42.31	42.81
1+800		39.85	43.11	43.05	42.28	42.78
2+000		39.83	43.20	43.12	42.27	42.77
2+200		39.82	44.04	43.39	42.23	42.74
2+400		39.52	43.34	43.03	42.20	42.73
2+600		39.70	43.38	43.27	42.20	42.72
2+800	入小清河处	37.64	43.65	43.87	42.19	42.72

表 1-22 张路庄港现状河道水面线推算成果

桩号	位置	现状断面			设计水位	
		现状河底高程/m	左地面高程/m	右地面高程/m	10 年一遇水位/m	20 年一遇水位/m
0+000	西环路交汇处	42. 56	44. 67	44. 60	44. 79	44. 88
0+200		42. 14	44. 86	44. 55	44. 73	44. 81
0+400		42. 25	44. 61	44. 40	44. 69	44. 77
0+600		42. 18	44. 71	44. 39	44. 64	44. 71
0+800		42. 71	44. 83	44. 27	44. 56	44. 63
1+000		42. 51	44. 43	44. 31	44. 36	44. 47
1+200		42. 26	44. 28	44. 14	43. 89	44. 07
1+400		42. 17	44. 01	43. 69	43. 61	43. 83
1+600		41. 55	43. 72	44. 14	43. 62	43. 83
1+800		41. 29	43. 52	43. 91	43. 56	43. 77
2+000		41. 87	43. 67	43. 96	43. 58	43. 80
2+200		41. 13	43. 84	43. 33	43. 54	43. 76
2+400		42. 04	43. 81	44. 08	43. 40	43. 60
2+600		41. 27	43. 72	43. 76	43. 09	43. 33
2+800		41. 05	43. 74	43. 81	42. 74	43. 05
3+000		40. 71	43. 78	43. 65	42. 53	42. 94
3+200		40. 51	42. 99	42. 33	42. 49	42. 93
3+400		40. 46	43. 09	43. 31	42. 39	42. 86
3+600	德馨路交汇处,后接 3 m×3. 5 m 暗涵入小清河	40. 04	43. 07	43. 52	42. 36	42. 84

表 1-23　草河现状河道水面线推算成果

桩号	位置	现状断面			设计水位	
		现状河底高程/m	左地面高程/m	右地面高程/m	10 年一遇水位/m	20 年一遇水位/m
0+000	西环路交汇处	39.1	42.31	42.29	41.94	42.42
3+530	德馨路交汇处	38.7	42.20	42.17	41.82	42.33
6+300	入小清河处	38.4	42.02	42.05	41.78	42.30

表 1-24　二干退水渠现状河道水面线推算成果

桩号	位置	现状断面			设计水位	
		现状河底高程/m	左地面高程/m	右地面高程/m	10 年一遇水位/m	20 年一遇水位/m
5+000	五里赵庄	43.96	44.54	43.91	44.52	44.66
5+300		42.85	44.91	44.87	44.43	44.56
5+600		42.60	45.22	44.92	44.37	44.50
5+900		42.90	43.50	43.60	44.22	44.33
6+200		42.10	43.90	43.60	43.99	44.04
6+500		42.80	43.60	43.60	43.95	44.00
6+800		43.60	43.60	43.70	43.88	43.92
7+100		42.20	43.50	43.40	43.79	43.83
7+400		43.50	43.60	43.50	43.75	43.79
7+700		42.30	43.50	43.40	43.53	43.60
8+000		41.20	43.60	43.30	43.46	43.53
8+300		41.40	43.30	43.10	43.42	43.50
8+600		41.81	43.37	43.25	43.31	43.39
8+900		41.81	42.79	43.68	43.14	43.20
9+200		42.55	42.77	43.20	42.94	42.99
9+500		40.08	42.63	43.01	41.57	42.06
9+800		38.58	42.22	42.11	41.54	42.06
10+057.5	入小清河处	36.54	38.59	36.60	41.55	42.06

表 1-25 七里河现状河道水面线推算成果

桩号	位置	现状断面			设计水位	
		现状河底高程/m	左地面高程/m	右地面高程/m	10 年一遇水位/m	20 年一遇水位/m
0+000	入小清河处	36.14	39.70	39.46	41.50	42.02
0+200		36.98	41.09	40.62	41.50	42.02
0+400		36.91	40.78	41.61	41.50	42.02
0+600		37.68	39.55	41.60	41.51	42.03
0+800		38.27	42.33	42.31	41.50	42.02
1+000		38.18	42.04	41.10	41.53	42.06
1+200		38.25	42.19	42.53	41.52	42.05
1+400		38.19	42.48	41.98	41.56	42.11
1+600		38.80	42.13	42.24	41.60	42.15
1+800		38.88	42.56	41.39	41.58	42.13
2+000		39.54	43.46	42.12	41.65	42.21
2+200		39.60	41.97	42.61	41.77	42.31
6+200		40.65	43.54	43.72	42.91	43.21
8+000		41.22	43.73	43.99	43.34	43.77
11+300		42.28	44.72	44.92	44.61	45.02

郭楼港(桩号 0+000~2+823),河道防洪标准断面采用复式梯形断面,其中河道边坡不陡于 1:2.5,河底宽度不小于 15 m,常水位 41.50 m,并设有 2 m 宽亲水步道,高程为 42.5 m。河道于桩号 2+600 建设液压坝 1 座,坝高 3 m,河底比降为 1/2 500。

张路庄港(桩号 0+000~3+608),河道防洪标准断面采用复式梯形断面,其中河道边坡不陡于 1:2.5,河底宽度不小于 8 m,常水位 41.70 m,并设有 2 m 宽水下平台,高程为 41.20 m。河道于桩号 3+500 处建设液压坝 1 座,坝高 1.7 m,河底比降为 1/3 500。

草河(桩号 0+000~6+300),河道防洪标准断面为复式梯形断面,河底宽度 20 m,河底高程 38.0 m,平台高程 40.5 m,平台宽 3 m,平台以上边坡 1:1.75,平台以下边坡 1:2.0,河底比降为 0。

二干退水渠(桩号 5+100~10+075.5),河道防洪标准断面采用复式梯形断面,河道边坡不陡于 1:2.5,河底宽度不小于 10 m,常水位 42.00 m,并设有 2 m 宽水下平台,高程为 41.50 m。河道于桩号 9+100 处建设液压坝 1 座,坝高 2 m,桩号 9+650、桩号 9+850、桩号 10+000 处建设 3 座跌水堰,堰高 1 m,河道桩号 5+000~9+100 处纵比降为 1/4 000。

七里河(桩号 0+000~5+250),河道防洪标准断面采用复式梯形断面,边坡不陡于 1∶2.5,河底宽度不小于 25 m。桩号 0+050、桩号 0+350 处分别设有跌水堰 1 座,堰高 1 m;桩号 0+350~0+750 段,常水位 38.00 m,并设有 2 m 宽的亲水平台,高程为 39.50 m;桩号 0+750~2+850 段,常水位 40.00 m,并设有 2 m 宽的水下平台,高程为 39.50 m;桩号 2+850~5+250 段,常水位 42.00 m,并设有 2 m 宽的水下平台,高程为 41.50 m;河道于桩号 0+750、桩号 2+850 处分别建设液压坝 1 座,坝高均为 2.5 m。河道桩号 0+000~0+350 间设有两道跌水堰,桩号 0+350~0+750 段纵比降为 1/800,桩号 0+750~2+850 段纵比降为 1/1 050,桩号 2+850~5+250 段纵比降为 1/4 800。

具体成果表见表 1-26~表 1-32。

表 1-26　小清河干流扩挖主槽后河道设计断面成果

桩号	位置	设计断面				设计水位/m		
		河底高程/m	河道比降	底宽/m	边坡比	10 年一遇水位	20 年一遇水位	50 年一遇水位
0+000	北环渠	36.5	0	20	1∶2.5	41.60	42.17	42.97
0+200	郭楼港	36.5	0	20	1∶2.5	41.59	42.16	42.96
0+980	德馨桥	36.5	0	20	1∶2.5	41.56	42.13	42.93
2+490	张路庄港	36.0	0	23	1∶2.5	41.48	42.06	42.85
3+340	草河	36.0	0	23	1∶2.5	41.31	41.87	42.65
6+910	二干退水渠	36.0	0	23	1∶2.5	41.08	41.64	42.42
7+380	七里河	36.0	0	23	1∶2.5	40.98	41.56	42.35

表 1-27　北环渠扩挖主槽后河道设计断面成果

桩号	位置	设计断面				设计水位/m	
		设计河底高程/m	河道比降	设计底宽/m	设计边坡比	10 年一遇水位	20 年一遇水位
0+000	入小清河处	39.30	1/140	8	1∶2.5	41.60	42.17
0+100	液压坝	40.00	1/2 300	8	1∶2.5	41.70	42.18
0+200		40.08	1/2 300	8	1∶2.5	41.72	42.18
0+400		40.17	1/2 300	8	1∶2.5	41.79	42.19
0+600		40.25	1/2 300	8	1∶2.5	41.83	42.19
0+800		40.33	1/2 300	8	1∶2.5	41.87	42.19
1+000		40.42	1/2 300	8	1∶2.5	41.90	42.20
1+200		40.50	1/2 300	8	1∶2.5	41.93	42.20

续表 1-27

桩号	位置	设计断面				设计水位/m	
		设计河底高程/m	河道比降	设计底宽/m	设计边坡比	10 年一遇水位	20 年一遇水位
1+400		40.58	1/2 300	8	1:2.5	41.96	42.21
1+600		40.67	1/2 300	8	1:2.5	41.98	42.21
1+800		40.75	1/2 300	8	1:2.5	42.00	42.21
2+000		40.83	1/2 300	8	1:2.5	42.03	42.22
2+200		40.92	1/2 300	8	1:2.5	42.07	42.22
2+433	港湾港交汇处	41.00	1/2 300	8	1:2.5	42.10	42.23

表 1-28 郭楼港扩挖主槽后河道设计断面成果

桩号	位置	设计断面				设计水位/m	
		设计河底高程/m	河道比降	设计底宽/m	设计边坡比	10 年一遇水位	20 年一遇水位
0+000	西环路交汇处	39.54	1/2 500	15	1:2.5	42.01	42.46
0+200		39.46	1/2 500	15	1:2.5	41.97	42.43
0+400		39.38	1/2 500	15	1:2.5	41.93	42.40
0+600		39.30	1/2 500	15	1:2.5	41.89	42.37
0+800		39.22	1/2 500	15	1:2.5	41.85	42.35
1+000		39.14	1/2 500	15	1:2.5	41.82	42.32
1+200		39.06	1/2 500	15	1:2.5	41.79	42.30
1+400		38.98	1/2 500	15	1:2.5	41.76	42.28
1+600		38.90	1/2 500	15	1:2.5	41.73	42.26
1+800		38.82	1/2 500	15	1:2.5	41.70	42.24
2+000		38.74	1/2 500	15	1:2.5	41.68	42.23
2+200		38.66	1/2 500	15	1:2.5	41.66	42.21
2+400		38.58	1/2 500	15	1:2.5	41.64	42.20
2+600	液压坝	38.50	1/2 500	15	1:2.5	41.62	42.18
2+800	入小清河处	38.42	1/2 500	15	1:2.5	41.60	42.17

表 1-29　张路庄港扩挖主槽后河道设计断面成果

桩号	位置	设计断面				设计水位/m	
		设计河底高程/m	河道比降	设计底宽/m	设计边坡比	10 年一遇水位	20 年一遇水位
0+000	西环路交会处	41.00	1/3 500	8	1:2.5	42.54	42.71
0+200		40.94	1/3 500	8	1:2.5	42.49	42.67
0+400		40.89	1/3 500	8	1:2.5	42.44	42.64
0+600		40.83	1/3 500	8	1:2.5	42.40	42.60
0+800		40.78	1/3 500	8	1:2.5	42.34	42.56
1+000		40.72	1/3 500	8	1:2.5	42.29	42.52
1+200		40.67	1/3 500	8	1:2.5	42.23	42.48
1+400		40.61	1/3 500	8	1:2.5	42.17	42.44
1+600		40.56	1/3 500	8	1:2.5	42.10	42.39
1+800		40.50	1/3 500	8	1:2.5	42.01	42.34
2+000		40.44	1/3 500	8	1:2.5	41.96	42.30
2+200		40.39	1/3 500	8	1:2.5	41.90	42.27
2+400		40.33	1/3 500	8	1:2.5	41.83	42.23
2+600		40.28	1/3 500	8	1:2.5	41.75	42.20
2+800		40.22	1/3 500	8	1:2.5	41.75	42.20
3+000		40.17	1/3 500	8	1:2.5	41.75	42.20
3+070	中央生态休闲绿谷交会处	40.15	1/3 500	8	1:2.5	41.73	42.19
3+200		40.11	1/3 500	8	1:2.5	41.70	42.18
3+400		40.06	1/3 500	8	1:2.5	41.64	42.16
3+500	液压坝	40.00	1/3 500	8	1:2.5	41.62	42.15
3+600	德馨路交会处，后接 3 m×3.5 m 暗涵入小清河	39.94	1/1 800	8	1:2.5	41.56	42.12

表 1-30 草河扩挖主槽后河道设计断面成果

桩号	位置	设计断面				设计水位/m	
		设计河底高程/m	河道比降	设计底宽/m	设计边坡比	10 年一遇水位	20 年一遇水位
0+000	西环路交汇处	38.0	0	20	1:1.75、1:2.0	41.43	41.97
3+530	德馨路交汇处	38.0	0	20	1:1.75、1:2.0	41.36	41.92
6+300	入小清河处	38.0	0	20	1:1.75、1:2.0	41.31	41.87

表 1-31 二干退水渠扩挖主槽后河道设计断面成果

桩号	位置	设计断面				设计水位/m	
		设计河底高程/m	河道比降	设计底宽/m	设计边坡比	10 年一遇水位	20 年一遇水位
5+020	五里赵庄	41.00	1/4 000	10	1:2.5	42.26	42.40
5+300		40.93	1/4 000	10	1:2.5	42.21	42.36
5+600		40.87	1/4 000	10	1:2.5	42.17	42.32
5+900		40.80	1/4 000	10	1:2.5	42.13	42.29
6+200		40.73	1/4 000	10	1:2.5	42.09	42.25
6+500		40.67	1/4 000	10	1:2.5	42.04	42.21
6+600		40.60	1/4 000	10	1:2.5	42.03	42.20
6+800		40.53	1/4 000	10	1:2.5	42.00	42.17
7+100		40.47	1/4 000	10	1:2.5	41.95	42.13
7+400		40.40	1/4 000	10	1:2.5	41.90	42.09
7+700		40.33	1/4 000	10	1:2.5	41.85	42.05
8+000		40.27	1/4 000	10	1:2.5	41.80	42.01
8+300		40.20	1/4 000	10	1:2.5	41.75	41.96
8+600		40.13	1/4 000	10	1:2.5	41.68	41.91
8+900		40.07	1/4 000	10	1:2.5	41.61	41.85
9+100	液压坝	40.00	1/4 000	10	1:2.5	41.48	41.77
9+400		40.00	1/200	10	1:2.5	41.59	42.15
9+700		38.46	1/200	10	1:2.5	41.54	42.11
10+057.5	入小清河处	36.62	1/200	10	1:2.5	41.08	41.65

表 1-32　七里河扩挖主槽后河道设计断面成果

桩号	位置	设计断面				设计水位/m	
		设计河底高程/m	河道比降	设计底宽/m	设计边坡比	10 年一遇水位	20 年一遇水位
0+000	入小清河处	36.00	1/300	25	1:2.5	41.00	41.56
0+050		36.00	1/300	25	1:2.5	41.00	41.56
0+200		36.25	1/300	25	1:2.5	41.01	41.57
0+350		37.00	1/300	25	1:2.5	41.02	41.58
0+600		37.32	1/800	25	1:2.5	41.04	41.60
0+750	液压坝	37.50	1/800	25	1:2.5	41.05	41.61
1+000		37.74	1/1 050	25	1:2.5	41.06	41.62
1+200		37.93	1/1 050	25	1:2.5	41.07	41.63
1+500		38.22	1/1 050	25	1:2.5	41.08	41.64
1+800		38.50	1/1 050	25	1:2.5	41.09	41.65
2+100		38.78	1/1 050	25	1:2.5	41.11	41.67
2+400		39.07	1/1 050	25	1:2.5	41.14	41.70
2+850	液压坝	39.50	1/1 050	25	1:2.5	41.33	41.87
3+000		39.53	1/4 800	25	1:2.5	41.40	41.92
3+300		39.59	1/4 800	25	1:2.5	41.53	42.03
3+600		39.66	1/4 800	25	1:2.5	41.66	42.14
3+900		39.72	1/4 800	25	1:2.5	41.80	42.26
4+200		39.78	1/4 800	25	1:2.5	41.93	42.36
4+500		39.84	1/4 800	25	1:2.5	42.06	42.47
4+800		39.91	1/4 800	25	1:2.5	42.18	42.58
5+100		39.97	1/4 800	25	1:2.5	42.33	42.71
5+250	天水湖退水渠交汇处	40.00	1/4 800	25	1:2.5	42.37	42.76

1.5.2　工程等别和标准

根据《水利水电工程等级划分及洪水标准》(SL 252—2017)、《防洪标准》(GB 50201—2014)、《治涝标准》(SL 723—2016)、《城市防洪工程设计规范》(GB/T 50805—2012)和《堤防工程设计规范》(GB 50286—2013),小清河支流按照20年一遇防洪、10年一遇除涝标准设计,为4级堤防,均为不允许越浪堤防。

1.5.3　工程选线选址

本次治理范围包括平舆县城区段小清河及其支流。具体如下:

郭楼港治理范围为西环路至入小清河口,治理段长2 823 m;张路庄港治理范围为西环路至入小清河口,治理段长3 608 m;两者均为防洪排涝河道,现状河势相对平顺,多为梯形断面。

宿鸭湖灌区二干退水渠治理范围自北环渠至入小清河口,治理段长4 975.5 m,为退水及防洪排涝河道,现状河势相对平顺,淤积较为严重,多为梯形断面。

北环渠治理范围为二干退水渠至入小清河口,治理段长5 100 m,为生态补水及防洪排涝河道,现状河势相对平顺,多为梯形断面。

七里河治理范围自天水湖退水渠入七里河口至入小清河口,治理段长5 250 m,为防洪排涝河道,现状河势相对平顺,多为梯形断面。

中央生态绿谷治理范围分草河南北两段。草河北段自张路庄港沿金城路附近至草河段,治理段长1 850 m,为梯形断面;草河南段自德馨路与草河交汇处至天水湖段,治理段长2 000 m,为梯形断面。

天水湖引水渠分两段,首段自三干渠与柳港汇合口上游20 m至西环路,长度4 214.5 m,为DN1 600的PCCP管,后接渠道至天水湖,引水渠段长3 147 m,均为梯形断面。

天水湖退水渠自天水湖南端至七里河,治理段长2 080 m,为新挖梯形断面。

根据总体规划的要求,郭楼港、宿鸭湖灌区二干退水渠、北环渠、七里河、中央生态绿谷等已有河道走向基本维持原河道走向根据征迁情况略作调整;将北环渠向东连通至二干退水渠;天水湖引水渠包括西环以外引水管和西环以内的引水渠,其中引水渠基本维持老河道走向;天水湖退水渠根据征迁情况确定线路沿天水湖基本向正南连接至七里河。

1.5.4　工程总布置

本次治理范围包括平舆县城区段小清河及其支流。以驻马店市人民政府办公室文件《驻马店市人民政府办公室关于印发驻马店市水污染防治攻坚战6个实施方案的通知》(驻政办〔2017〕8号)的水质要求为基础,以平舆县城水环境治理和生态修复为目标,通过实施河湖水系连通工程,建立羽状水系,增加河网密度,将城市分成若干个“排水小区”。一方面解决城市排水不畅问题,延长汇流时间,减缓洪水过程;另一方面阻断污染,提升城市生态景观效果,从而实现“水润平舆、水美平舆、水兴平舆”的宏伟目标。

平舆县水环境治理和生态修复工程建设内容包括河湖水系连通工程、水体生态修复工程、滨水环境改善工程、污水处理厂提标改造工程、分布式生态型污水处理站工程、一体化污水处理站工程、草河截污工程、污泥及建筑垃圾再生工程、智慧水生态监管系统和城市地下管线管理系统等。

水系连通工程：连通小清河、草河、郭楼港、张路庄港、七里河、北环渠、二干退水渠、中央生态绿谷、天水湖引水渠、天水湖退水渠，以及天水湖、北郊调蓄湖、陈蕃湖、港湾港湖等水系湖泊，工程内容包括河道工程、调蓄湖工程、管道工程、闸坝工程及桥涵工程等。治理内容见表 1-33。

表 1-33　水系连通工程内容

河道	治理长度/m	液压坝	水闸	跌水	桥梁	涵洞
郭楼港	2 823	1			1	
张路庄港	3 608	1	1		1	
北环渠	5 100	1				3
二干退水渠	4 975.5	1		3		6
七里河	5 250	2		2		2
天水湖引水暗管(西环西)	4 214.5					
天水湖引水渠(西环东)	3 147					1
天水湖退水渠	2 080	1				3
小清河	—	1				
草河	—					
中央生态绿谷(草河北)	1 850			1	4	
中央生态绿谷(草河南)	2 000			1	1	1
北郊湖引水暗管	220					
北郊湖退水暗管	146					
北郊湖供水暗管	3 705.9					
柳港	—	1				
合计	39 119.9	9	1	7	7	16
其中管道	8 286.4					
河道合计	30 833.5					

(1)河道工程:治理区域内河道总长 48.43 km,去除小清河和草河已治理区域,需治理段总长度约 30.83 km。

①郭楼港治理范围自西环路至入小清河口,治理长度 2 823 m;

②张路庄港治理范围自西环路至中央生态休闲绿谷汇合口下游 400 m,治理长度 3 608 m;

③北环渠治理范围自小清河汇合口至二干渠汇合口,治理长度 5 100 m;

④二干退水渠治理范围自北环渠汇合口至入小清河口,治理长度 4 975.5 m;

⑤七里河治理范围自天水湖退水渠至入小清河口,治理长度 5 250 m;

⑥天水湖退水渠治理范围自天水湖至入七里河口,治理长度 2 080 m;

⑦天水湖引水渠治理范围自西环路至新建天水湖,治理长度 3 147 m;

⑧中央生态绿谷治理范围自天水湖至张路庄港,治理长度 3 850 m。

(2)调蓄湖工程:新开挖 2 个调蓄湖,分别为北郊调蓄湖(水面面积 39.1 万 m^2,水体规模 157.1 万 m^3)、天水湖(水面面积 21.8 万 m^2,水体规模 86.9 万 m^3);2 个已有湖体改造,分别为陈蕃湖(水面面积 1.8 万 m^2,水体规模 7.2 万 m^3)、港湾港湖(水面面积 1.5 万 m^2,水体规模 6.0 万 m^3)。

(3)管道工程:包括天水湖引水管道工程和北郊调蓄湖供水工程等,引水管道总长 8 286.4 km。其中,天水湖引水暗管 4 214.5 km,为 DN1 600 的 PCCP 管;北郊湖供水暗管 3 705.9 km,为 DN1 200 的 PCCP 管;北郊湖引、退水管道 366 m,为 DN2 000 的 PCCP 管。

(4)闸坝工程:治理工程包括 9 座液压坝、1 座水闸、7 座跌水建筑物。

(5)桥涵工程:包括 7 座桥梁、17 座涵洞。

1.6 河道整治工程设计

河流是一个连续的整体系统,强调河流生态系统的结构、功能与流域的统一性,不仅指地理空间上的连续性,更重要的是指生态系统中生物学过程及其物理环境的连续性,以保证生物物种和群落随上、中、下游河道物理条件的连续变化而不断地进行调整和适应。

治理区域内小清河为干流,郭楼港、张路庄港、草河、七里河及二干退水渠均为小清河支流,治理区域为一典型羽状水系。

本次水系连通工程以使治理河道纵向上尽可能保持连续性,横向上使各支流及周围的河滩、湿地等保持流通性,竖向上保证与地下水及生活在下层土壤中的有机体间的相互作用为目的。本次水系连通工程以羽状水系为载体,通过开挖北环渠进行小清河及二干退水渠的横向连通,建设北郊调蓄湖,通过引水管道将水引入郭楼港、张路庄港、中央生态绿谷(草河北)、草河,使之与小清河连通,建设天水湖及其引水渠、退水渠和中央生态绿谷(草河南)等进行草河、七里河的河湖连通,利用防洪工程对河道的拓宽改造,展示不同尺度的生态河道建设形式,营造宜人滨水空间。

1.6.1　河道整治工程布置

(1)河道整治工程主要功能为防洪除涝兼顾生态修复,工程定位如下:

①满足城市河道除涝要求,构筑起科学合理、安全可靠的防洪体系,确保河道两岸除涝安全。

②以科学发展观为指导思想,按生态河道的设计理念去规划设计。

③与本河道有关的各专项规划合理衔接,协调好道路、管网间的相互关系。

④确保工程设计技术可行,经济合理。

(2)本次治理范围包括平舆县城区段小清河及其支流。具体如下:

郭楼港河段治理长度2 823 m,其中在桩号2+600处建设3 m高液压坝,主要以浅滩和湖泊结合,形成水深在1.96~3 m的水体,为不同的水生动植物提供栖息地。桩号2+600后以浅水溪流及湿地为主。

张路庄港河段治理长度3 608 m,其中在桩号3+500处建设1.7 m高液压坝,主要以浅滩和湖泊结合,形成水深在0.99~1.7 m的水体,为不同的水生动植物提供栖息地。桩号3+500后以浅水溪流及湿地为主。

北环渠河段治理长度为5 100 m,其中在桩号0+100处建设2.0 m高液压坝,主要以浅滩和湖泊结合,形成水深在1~2 m的水体,为不同的水生动植物提供栖息地。

二干退水渠河段治理长度4 975.5 m,在桩号9+100处建设2 m高液压坝,主要以浅滩和湖泊结合,形成水深在0.86~2 m的水体,为不同的水生动植物提供栖息地。桩号9+100~10+075段建设3道1 m高跌水,以浅水溪流及湿地为主要表现方式。

七里河段治理长度5 250 m,其中在桩号0+750处及2+850处分别建设2.5 m高液压坝,主要以浅滩和湖泊结合,形成水深在0.3~2.5 m的水体,为不同的水生动植物提供栖息地。桩号0+000~0+750段建设2道1 m高跌水,以形成浅水溪流和生态湿地。

中央生态绿谷(草河北)治理范围自张路庄港沿金城路附近至草河段,治理段长1 850 m,末端设拦水堰,壅高水位至41.7 m,将张路庄港与草河联通,形成水景观;中央生态绿谷(草河南)自德馨路与草河交汇处至天水湖段,治理段长2 000 m,末端设拦水堰,壅高水位至42.5 m,将天水湖与草河连通,形成水景观;均采用梯形断面。

天水湖引水渠通过4 214.5 m引水管道引柳江水至西环路,后接渠道至天水湖,引水渠段长3 147 m,采用梯形断面。渠道末端连接中央生态绿谷,后通过蝶阀控制入天水湖流量。

天水湖退水渠自天水湖南端至七里河,治理段长2 080 m,采用新挖梯形断面。退水渠起点设液压坝控制退水的流量和水位。

小清河治理范围为北环渠至七里河入小清河口,草河治理范围为西环路至入小清河口,鉴于小清河、草河往年已经过治理,本次主要以恢复其河道生态为主。

根据总体规划的要求,各河段的走向基本维持现状不变。

1.6.2　河道纵横断面

治理范围内河道设计纵比降参照现状河底比降,并对其进行微调,综合确定。河道横断面设计时首先要满足河道的防洪除涝要求,其次要兼顾河道的生态、休闲活动要求的原则:河道治理断面确定,根据河道现状断面的实际情况,满足河道的防洪除涝要求的最小断面,实施中与河道生态建设、滨水景观建设相结合,在不缩减最小行洪断面的基础上,适当扩挖断面,形成多元化的断面形式,因此主要采用梯形复式断面。

1.6.2.1　**郭楼港**

规划起点为西环路(桩号 0+000),规划终点为入小清河口(桩号 2+823),治理段长 2 823 m。

1. 河道纵断面

河道纵比降为 1/2 500。

2. 河道横断面设计

现状断面主要以梯形为主,本次治理采用梯形复式断面,其中河道边坡不陡于1∶2.5,河底宽度不小于 15 m,常水位 41.50 m,并设有 2 m 宽亲水步道,高程为 42.50 m,河道于桩号 2+600 建设液压坝 1 座,坝高 3 m,上游段形成湖泊形态,下游生态方面以浅水溪流及湿地为主要表现方式,河道整体呈溪流与湖泊交替出现的河道形态。典型断面如图 1-2 所示。

1.6.2.2　**张路庄港**

规划起点为西环路(桩号 0+000),规划终点为入小清河暗涵口(桩号 3+608),治理段长 3 608 m。

1. 河道纵断面

河道纵比降为 1/3 500。

2. 河道横断面设计

现状断面主要以梯形为主,本次治理采用梯形复式断面,其中河道边坡不陡于1∶2.5,河底宽度不小于 8 m,常水位 41.70 m,并设有 2 m 宽水下平台,高程为 41.20 m,河道于桩号 3+500 处建设液压坝 1 座,坝高 1.7 m,坝前形成水面,坝后以浅水溪流及湿地为主要表现方式,河道整体呈溪流与湖泊交替出现的河道形态。典型断面如图 1-3 所示。

1.6.2.3　**北环渠**

规划起点为入小清河口(桩号 0+000),规划终点为二干退水渠(桩号 5+100),治理段长 5 100 m。

1. 河道纵断面

0+000~2+433 段河道纵比降为 1/2 400,2+433~5+100 段河道纵比降为 0。

2. 河道横断面设计

现状断面主要以梯形为主,本次治理采用梯形复式断面,其中河道边坡不陡于1∶2.5,河底宽度不小于 8 m,常水位 42.00 m,并设有 2 m 宽水下平台,高程为 41.50 m,河

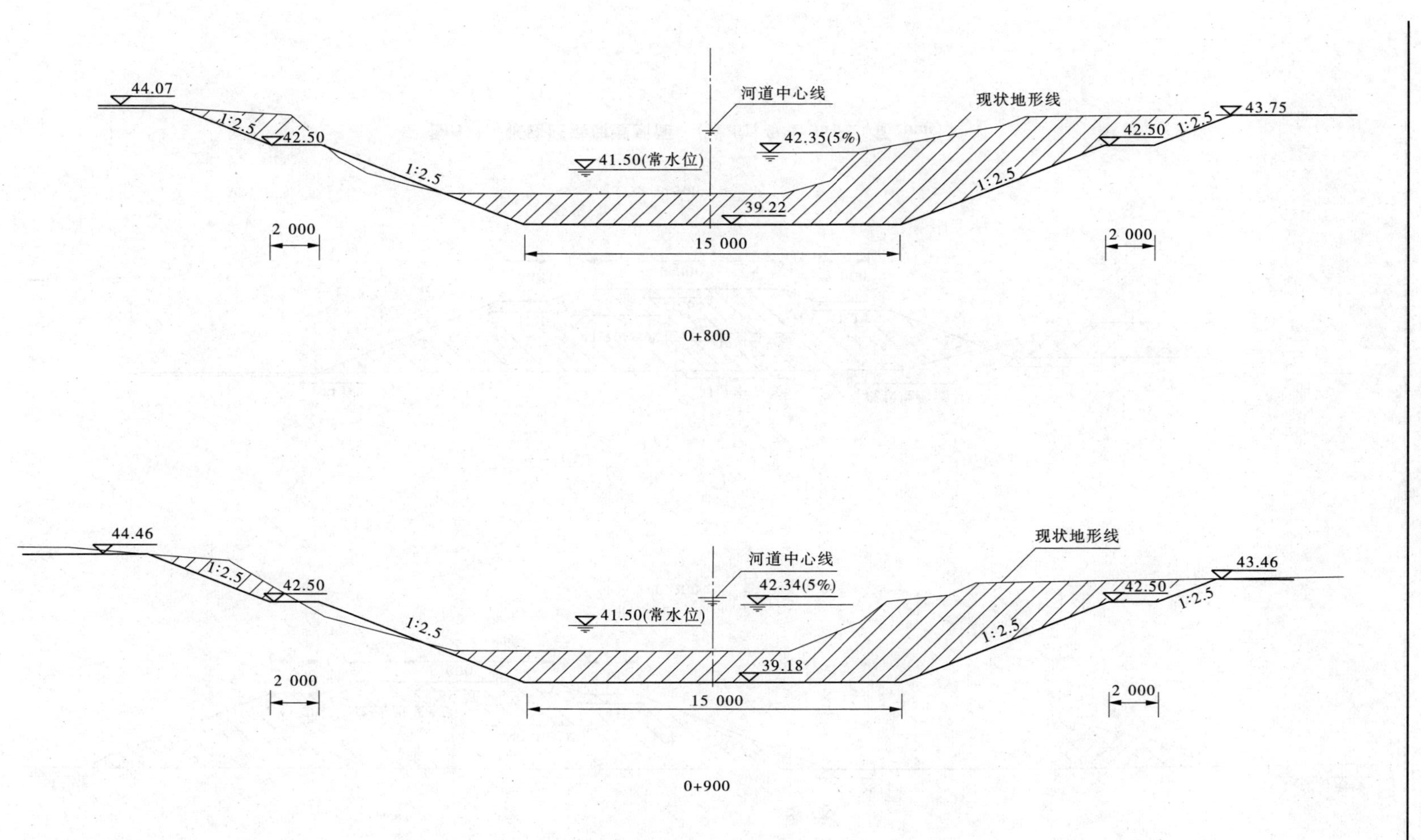

图 1-2 郭楼港典型断面 （单位：高程，m；长、宽，mm）

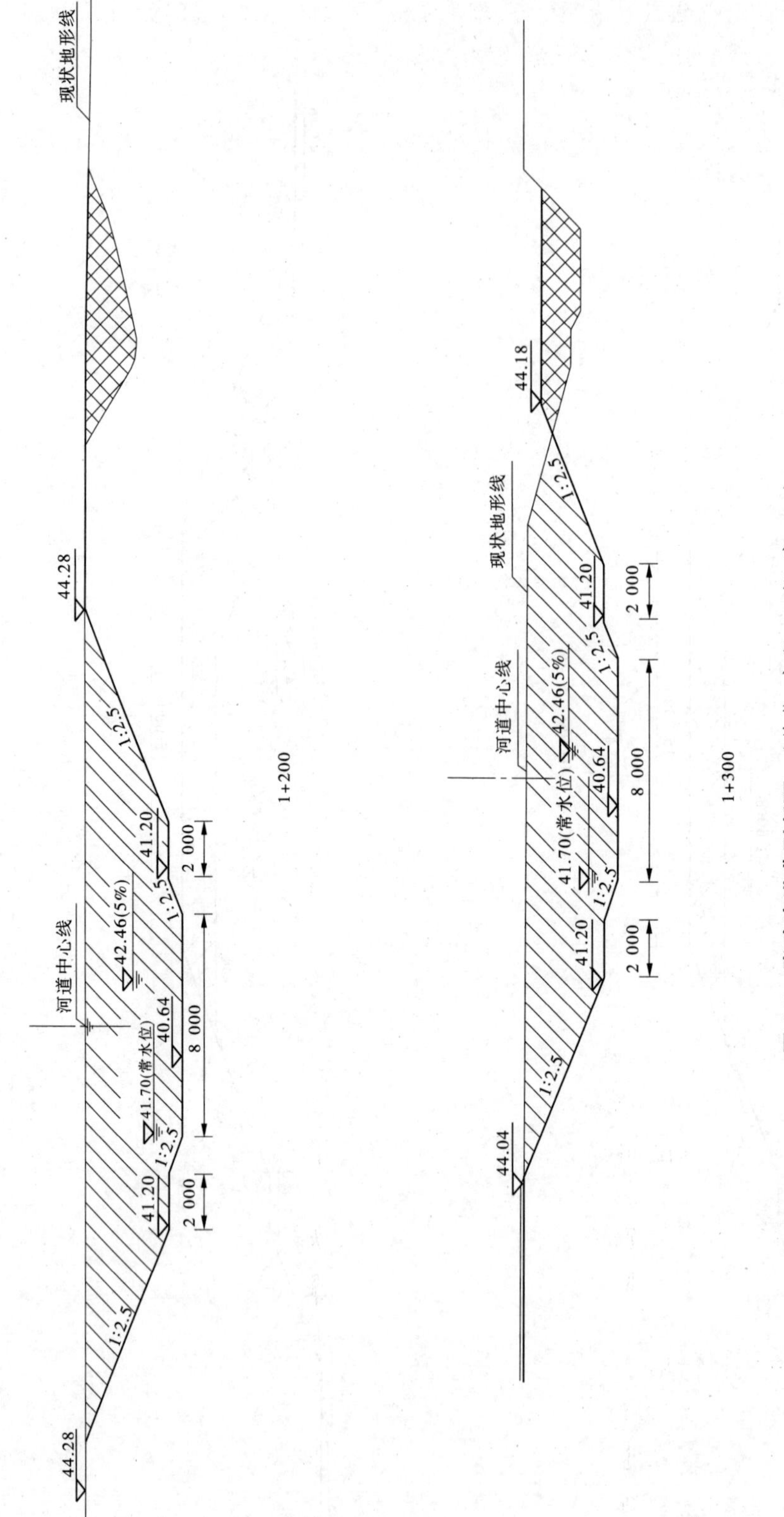

图 1-3　张路庄港典型断面　（单位：高程，m；长、宽，mm）

道于桩号0+100处建设液压坝1座，坝高2 m，以形成湖泊形态，坝后以浅水溪流及湿地为主要表现方式，河道整体呈溪流与湖泊交替出现的河道形态。典型断面如图1-4所示。

1.6.2.4 二干退水渠

规划起点为北环渠(桩号5+100)，规划终点为入小清河口(桩号10+075.5)，治理段长4 975.5 m。

1.河道纵断面

河道桩号5+100~9+100段纵比降为1/4 000，桩号9+100~10+075.5间设有3座跌水，纵比降为1/2 150。

2.河道横断面设计

现状断面主要以梯形为主，本次治理采用梯形复式断面，河道边坡不陡于1:2.5，河底宽度不小于10 m。桩号5+100~9+100段常水位42.00 m，设有2 m宽水下平台，高程为41.50 m；桩号9+100~10+075.5段常水位38.00~41.00 m，设有2 m宽水上平台，高程为38.50~41.50 m河道于桩号9+100处建设液压坝1座，坝高2 m，以形成湖泊形态，坝后于桩号9+650、桩号9+850、桩号10+000处建设3座跌水堰，堰高1 m，以形成浅水溪流及湿地效果。河道整体呈溪流与湖泊交替出现的河道形态。典型断面如图1-5所示。

1.6.2.5 七里河

规划起点为入小清河口(桩号0+000)，规划终点为天水湖退水渠(桩号5+250)，治理段长5 250 m。

1.河道纵断面

河道桩号0+000~0+350段，纵比降为1/300，设有两道跌水堰，桩号0+350~0+750段纵比降为1/800，桩号0+750~2+850段纵比降为1/1 050，桩号2+850~5+250段纵比降为1/4 800。

2.河道横断面设计

现状断面主要以梯形为主，本次治理采用梯形复式断面，边坡不陡于1:2.5，河底宽度不小于25 m，于桩号0+050、桩号0+350处分别设有跌水堰1座，堰高1 m。桩号0+350~0+750段常水位38.00 m，并设有2 m宽的亲水平台，高程为39.50 m；桩号0+750~2+850段常水位40.00 m，并设有2 m宽的水下平台，高程为39.50 m；桩号2+850~5+250段常水位42.00 m，并设有2 m宽的水下平台，高程为41.50 m。河道于桩号0+750、桩号2+850处分别建设液压坝1座，坝高均为2.5 m，以形成湖泊形态，坝后以浅水溪流及湿地为主要表现方式，河道整体呈溪流与湖泊交替出现的河道形态。典型断面如图1-6所示。

1.6.2.6 中央生态绿谷

1.中央生态绿谷(草河北)

规划起点为张路庄港交汇口(桩号0+000)，规划终点为入草河口(桩号1+850)，长度为1 850 m，为人工开挖河道。

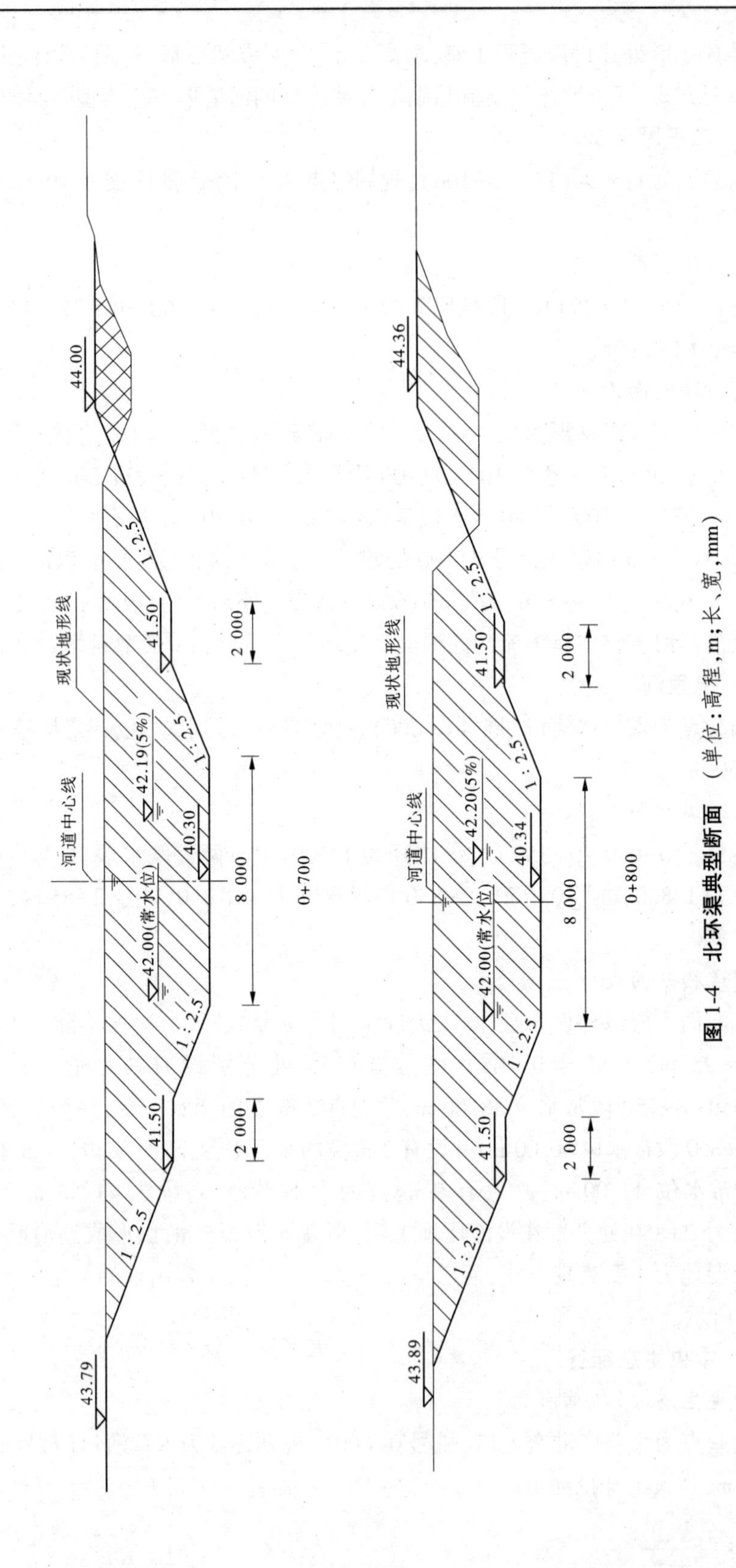

图 1-4　北环渠典型断面　（单位：高程，m；长、宽，mm）

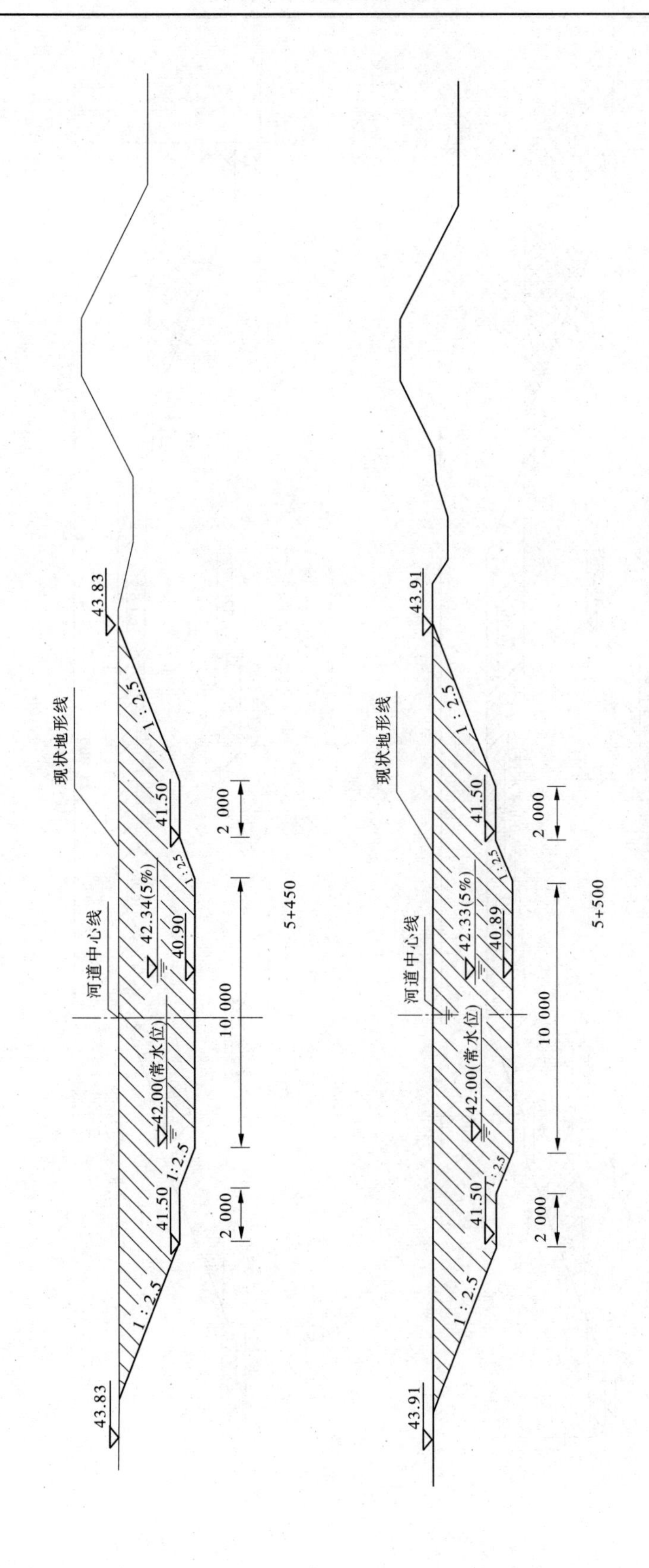

图 1-5　二干退水渠典型断面　（单位：高程，m；长、宽，mm）

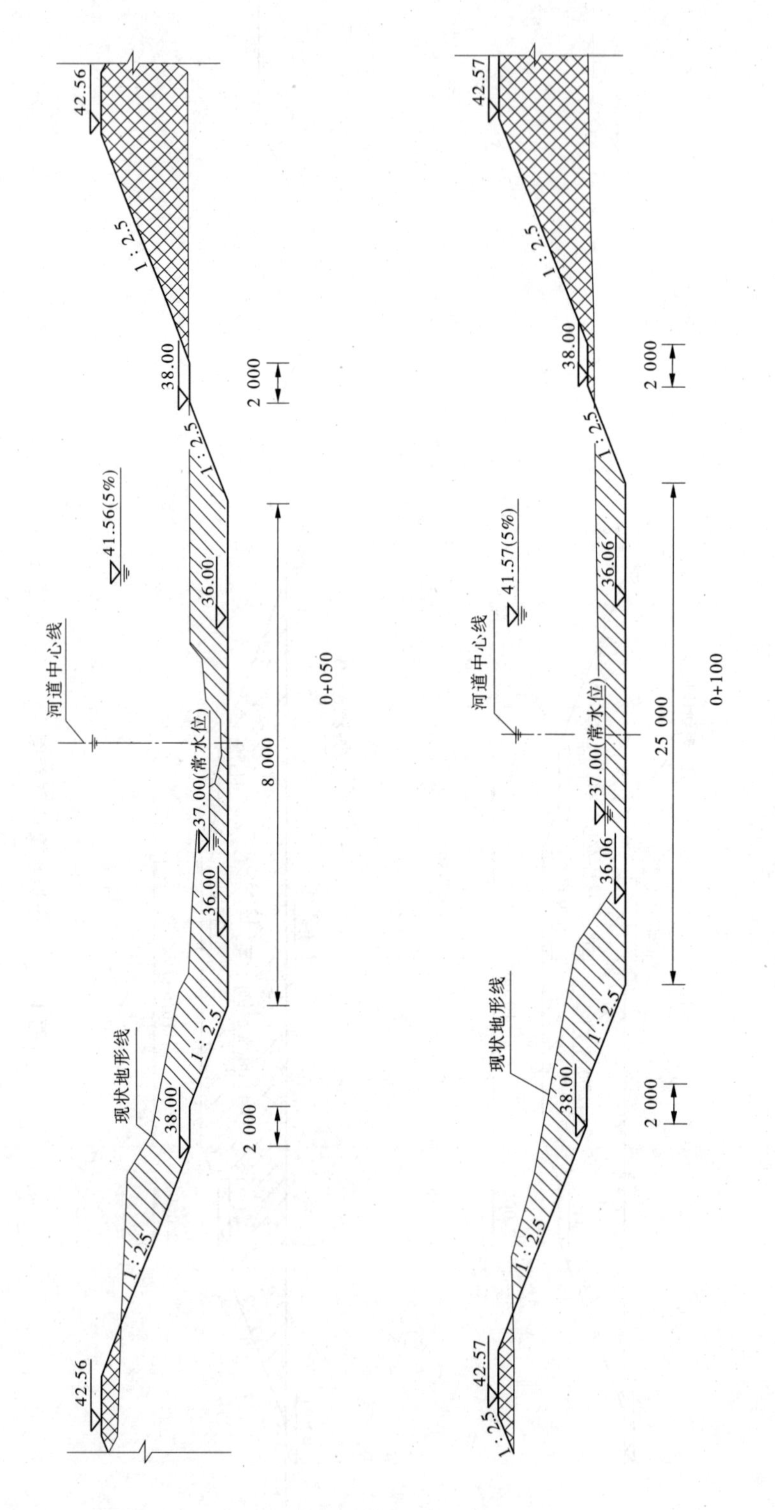

图 1-6　七里河典型断面　（单位：高程，m；长、宽，mm）

1)河道纵断面

河道纵比降为1/2 900。

2)河道横断面设计

本段河道为新开挖河道,不承担防洪排涝任务,河道形式采用梯形复式断面,边坡不陡于1:2.5,河底宽度15 m,常水位41.70 m,并设有2 m宽水下平台,高程为41.20 m,常水位50 cm以上边坡作缓坡,结合地形作景观布置。河道于桩号2+800处设有跌水堰1道,堰高2.2 m,以形成水面。典型断面如图1-7所示。

2.中央生态绿谷(草河南)

规划起点为与草河交汇口(桩号0+000),规划终点为天水湖引水口(桩号2+000),长度为2 000 m。

1)河道纵断面

河道桩号0+000~1+650段纵比降为1/3 300,桩号1+650~2+000段纵比降为0。

2)河道横断面设计

本段河道不承担防洪排涝任务,采用梯形复式断面,边坡不陡于1:2.5,河底宽度不小于10 m,常水位42.50 m,并设有2 m宽的水下平台,高程为42.00 m。河道于桩号0+050处设有跌水堰1道,堰高2.5 m,以形成水面。典型断面如图1-8所示。

1.6.2.7　天水湖退水渠

规划起点为天水湖(桩号2+080),规划终点为入七里河口(桩号0+000),治理段长2 080 m,为人工开挖引水渠。

1.河道纵断面

河道纵比降为1/4 160。

2.河道横断面设计

本段河道为新开挖河道,不承担防洪排涝任务,采用梯形复式断面,边坡1:2.5,河底宽度10 m,常水位42.00 m,并设有2 m宽的水下平台,高程41.50 m,河道于桩号2+050处设液压坝1座,坝高2.0 m,控制退水的流量和水位。典型断面如图1-9所示。

1.6.2.8　小清河

起点为北环渠入小清河口北(桩号0+000),终点为七里河入河口(桩号7+558),长度为7 558 m。本段河道正在由中机六院进行治理,本次主要以恢复其河道生态为主。

1.6.2.9　草河

起点为西环路(桩号0+000),终点为入小清河口(桩号6+290),长度为6 290 m。本段河道已进行过治理,本次主要以恢复其河道生态为主。

河道断面基本信息见表1-34。

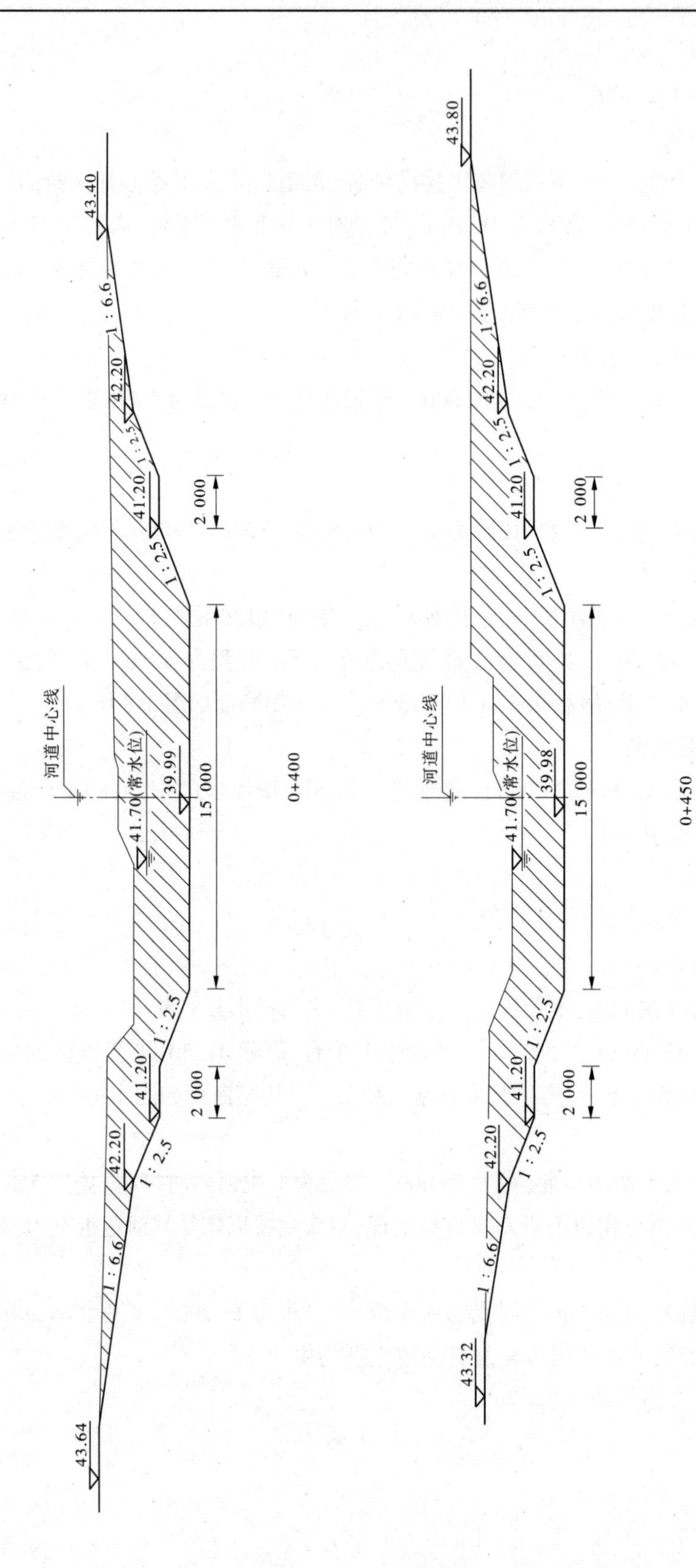

图 1-7　中央生态绿谷(草河北)典型断面　(单位:高程,m;长、宽,mm)

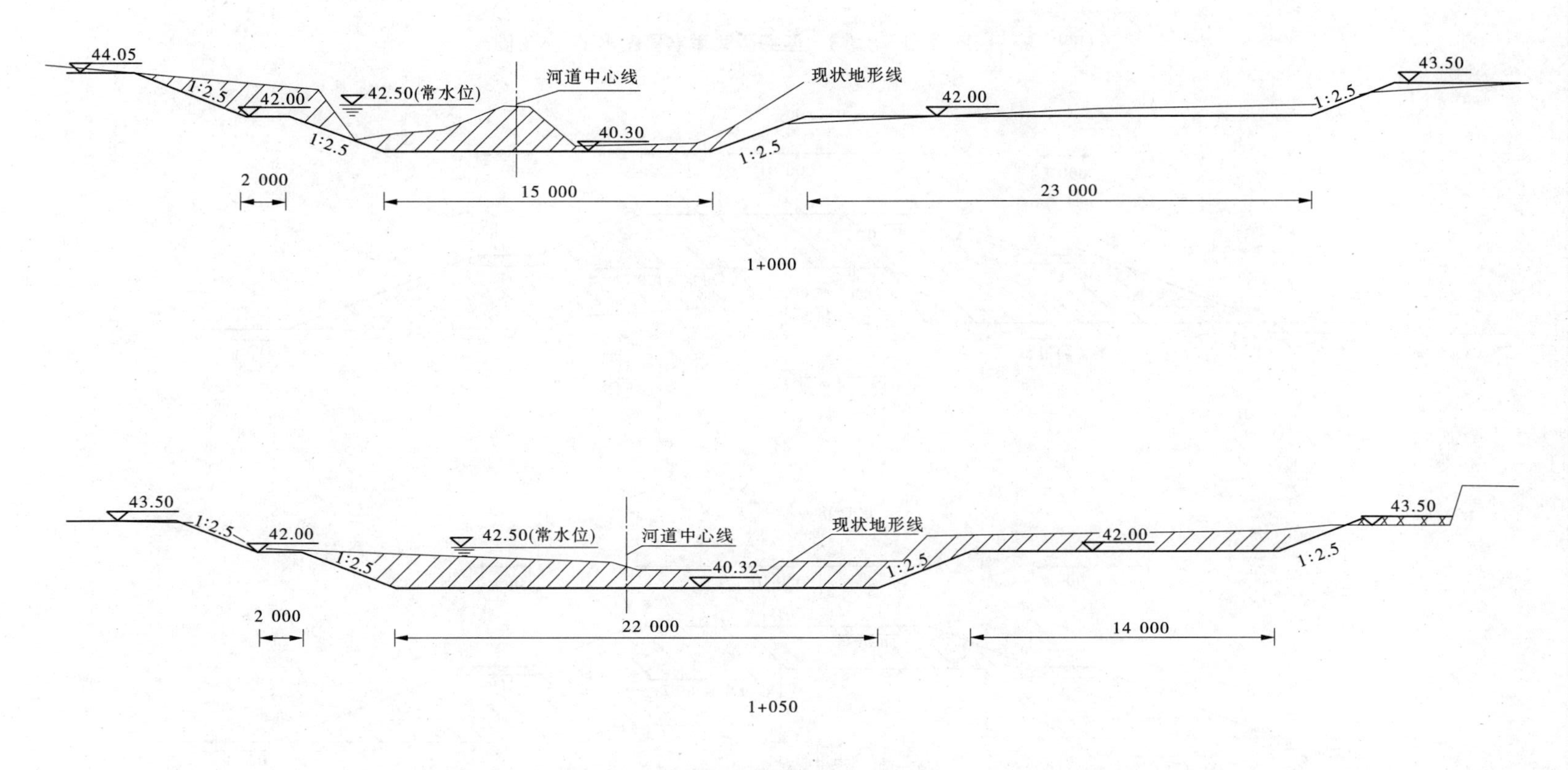

图 1-8　中央生态绿谷(草河南)典型断面　(单位:高程,m;长、宽,mm)

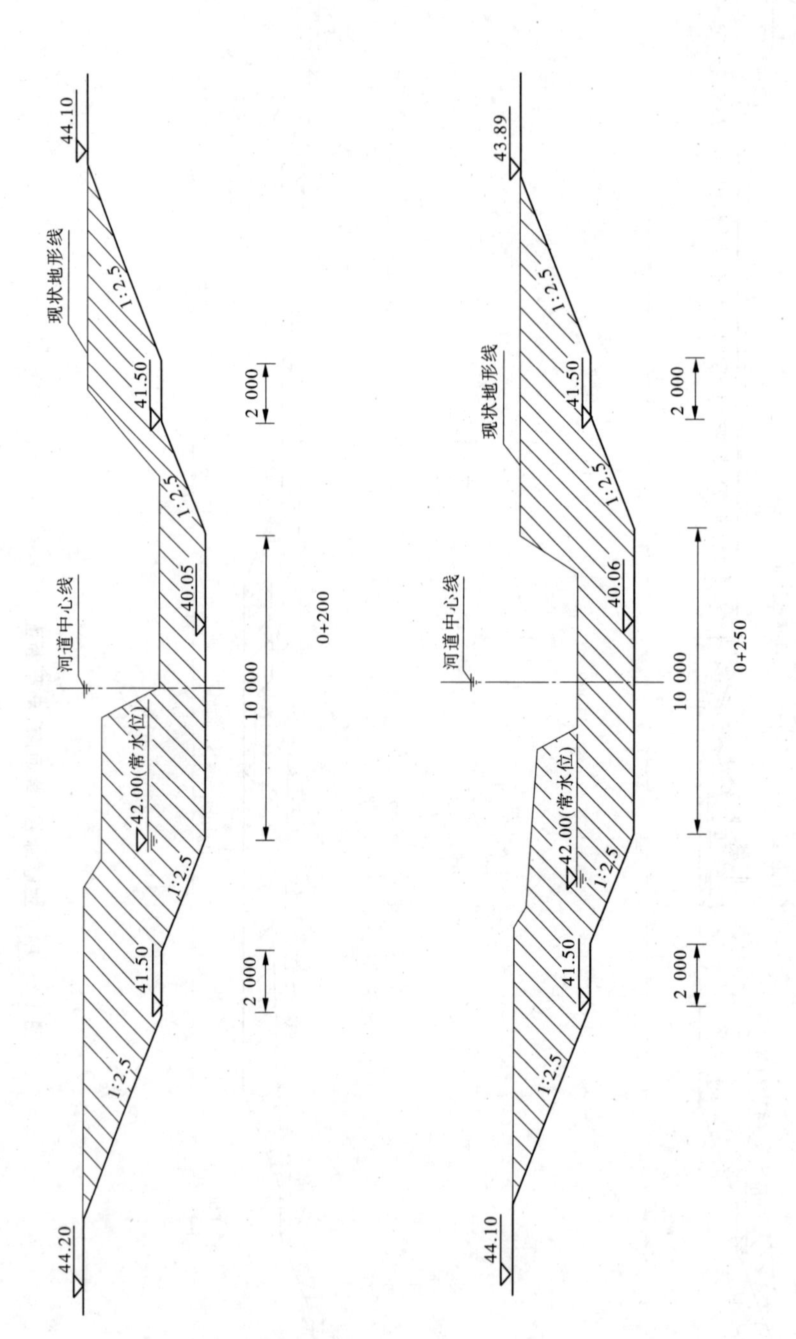

图 1-9　天水湖退水渠典型断面　（单位：高程，m；长、宽，mm）

表 1-34　河道断面基本信息

序号	名称	桩号	河道纵降比	河底宽度/m	边坡系数(*n*)	常水位/m	平台高程/m
1	郭楼港	0+000~2+823	1/2 500	≥15	≥2.5	41.50	42.50(水上)
2	张路庄港	0+000~3+608	1/3 500	≥8	≥2.5	41.70	41.20(水下)
3	北环渠	0+000~2+433	1/2 400	≥8	≥2.5	42.00	41.50(水下)
		2+433~5+100	0	≥8	≥2.5	42.00	41.50(水下)
4	二干退水渠	5+100~9+100	1/4 000	≥10	≥2.5	42.00	41.50(水下)
		9+100~10+075.5	1/2 150	≥10	≥2.5	41.00~38.00	41.50~38.50(水上)
5	七里河	0+000~0+350	1/300	≥25	≥2.5	37.00	38.00(水上)
		0+350~0+750	1/800	≥25	≥2.5	38.00	39.50(水上)
		0+750~2+850	1/1 050	≥25	≥2.5	40.00	39.50(水下)
		2+850~5+250	1/4 800	≥25	≥2.5	42.00	41.50(水下)
6	中央生态绿谷(草河北)	0+000~1+850	1/2 900	≥15	≥2.5	41.70	41.20(水下)
7	中央生态绿谷(草河南)	0+000~1+650	1/3 300	≥10	≥2.5	42.50	42.00(水下)
		1+650~2+000	0	≥10	≥2.5	42.50	42.00(水下)
8	天水湖退水渠	0+000~2+080	1/4 160	≥10	≥2.5	42.00	41.50(水下)
9	小清河	0+000~7+558	前期已经治理,本次主要是恢复期河道生态				
10	草河	0+000~6+290	前期已经治理,本次主要是恢复期河道生态				

1.6.3　河道工程量汇总

河道主要工程量汇总见表 1-35,港湾取水口主要工程量汇总见表 1-36。

表 1-35 河道主要工程量汇总

序号	项目名称	单位	总计
1	河道总长	m	36 139. 00
2	土方开挖	m^3	2 180 693. 59
3	堤顶填筑	m^3	119 939. 09
4	河道清淤	m^3	149 266. 08
5	连锁砖护坡	m^2	303 560. 80
6	固脚	m^3	42 061. 81
7	垫层	m^3	30 356. 08

表 1-36 港湾取水口主要工程量汇总

序号	项目名称	单位	总计
1	土方开挖	m^3	136. 65
2	土方回填	m^3	656. 16
3	M7. 5	m^3	223. 13
4	C20 混凝土	m^3	23. 63
5	C15 混凝土垫层	m^3	3. 70
6	砂石反滤料	m^3	14. 87
7	土工布	m^2	109. 03
8	遇水膨胀止水带	m	105. 00
9	双组分聚硫密封胶	m^3	0. 11
10	PVC 排水管	m	52. 86
11	拦污栅	m^2	5. 04
12	DN1 200 控制阀井	个	1. 00
13	双向密封蝶阀	个	1. 00

思考题

1. 简述径流的含义及其组成。

2. 降水过程线的含义。

3. 举例说明水文现象及水文现象的基本特征。

4. 河道整治工程主要功能为防洪除涝兼顾生态修复,工程定位是什么?

5. 工程选线选址应注意哪些问题?

6. 河道断面设计原则有哪些?

7. 城市防护区应根据政治经济地位的重要性、常住人口或当量经济规模指标分为四个防护等级,分别是特别重要、重要、比较重要、一般。其防护等级的设计标准和校核标准分别是什么?

第 2 章　小型湖库工程

2.1　案例 1:景观性湖体

2.1.1　地形地貌

天水湖调蓄湖场区地貌属淮河冲湖积平原区,地形较平坦,场区地面高程 44.1~44.5 m。

2.1.2　地层岩性

在勘探深度范围内,场区揭露主要为第四系全新统冲湖积层(Q_4^{al})、第四系上更新统冲湖积层(Q_3^{al})和第四系中更新统冲洪积层(Q_2^{al+pl})。岩性为重粉质壤土和粉质黏土,现由新到老分述如下。

2.1.2.1　第四系全新统冲湖积层(Q_4^{al})

冲湖积成因,岩性主要为重粉质壤土。

①层重粉质壤土:灰褐色,可塑状,见锈黄色铁质浸染,干强度高、韧性高。该层揭露层厚 1.2~1.9 m,层底高程 42.33~43.45 m。

2.1.2.2　第四系上更新统冲湖积层(Q_3^{al})

冲湖积成因,岩性主要为重粉质壤土。

②层重粉质壤土:黄褐色、褐黄色,可塑状,见少量锈黄色斑点,含钙质结核,结核粒径一般 0.2~1.0 cm。该层揭露层厚 8.1~9.1 m,层底高程 34.18~34.55 m。

2.1.2.3　第四系中更新统冲洪积层(Q_2^{al+pl})

冲洪积成因,岩性主要为粉质黏土。

③层粉质黏土:浅棕黄色,可塑~硬塑状,见灰绿色黏土矿物,见黑色铁锰质浸染,含钙质结核,结核粒径一般为 0.5~2.0 cm。干强度高、韧性高。该层揭露最大厚度 9.8 m,未揭穿。

2.1.3　各土体物理力学性质

各土体单元物理性指标建议值见表 2-1;各土体单元力学性指标建议值见表 2-2。

2.1.4　水文地质条件及评价

场区地下水主要类型为第四系松散层孔隙潜水,第四系全新统粉质壤土是本区浅层地下水的主要含水层。勘察期间测得场区地下水埋深 4.04~4.35 m,水位高程 39.86~40.24 m。地下水主要接受大气降水、侧向径流补给,主要排泄方式为侧向径流、河道排泄、人工开采和蒸发。

场区地下水及地表水对混凝土均不具腐蚀性,对混凝土结构中的钢筋和钢结构均具弱腐蚀性。

表 2-1 各土体单元物理性指标建议值

土体单元序号	土名(时代成因)	天然含水量 ω/%	天然干密度 ρ_d/(g/cm^3)	比重 G_s	天然孔隙比 e	液限 W_L/%	塑限 W_P/%	塑性指数 I_P	液性指数 I_L
①	重粉质壤土(Q_4^{al})	22.6	1.57	2.72	0.732	34.1	20.4	13.7	0.17
②	重粉质壤土(Q_3^{al})	24.5	1.58	2.72	0.722	33.2	20.3	13.0	0.33
③	粉质黏土(Q_2^{al+pl})	26.5	1.58	2.72	0.722	36.8	21.7	15.2	0.32

表 2-2 各土体单元力学性指标建议值

土体单元序号	土名(时代成因)	力学指标						渗透系数 K/(cm/s)	承载力标准值 f_{ak}/kPa
		压缩试验		饱和快剪试验		饱和固结快剪试验			
		压缩系数 a_{1-2}/MPa^{-1}	压缩模量 E_s/MPa	黏聚力 c/kPa	内摩擦角 φ/(°)	黏聚力 c/kPa	内摩擦角 φ/(°)		
①	重粉质壤土(Q_4^{al})	0.27	6.7	25	12	25	14	4.5×10^{-5}	130
②	重粉质壤土(Q_3^{al})	0.25	7.1	27	12	27	14	4.2×10^{-5}	150
③	粉质黏土(Q_2^{al+pl})	0.23	7.8	29	13	28	15	3.0×10^{-5}	170

2.1.5 工程地质评价

场区地质结构属黏性土均一结构,由重粉质壤土和粉质黏土组成。第①层重粉质壤土承载力标准值为130 kPa,第②层重粉质壤土承载力标准值为150 kPa,第③层粉质黏土承载力标准值为170 kPa,均呈可塑~硬塑状。

拟建调蓄湖最大挖深6~7 m,湖底岩性为第②层重粉质壤土;湖周岩性为第①层、第②层重粉质壤土。重粉质壤土为弱透水层,不存在渗漏问题。

开挖边坡高度 2~3 m,部分为水下边坡,考虑水位变幅对岸坡稳定的影响,建议开挖边坡坡比不陡于 1:2.5。

调蓄湖蓄水后,对湖周存在浸没问题,第①层重粉质壤土毛细上升高度为 1.0 m,建议调蓄湖设计应考虑蓄水后对湖周浸没问题的解决方案。

2.1.6 调蓄湖工程设计

平舆县水系可引用水源共有 3 处,包括宿鸭湖水库二干渠、三干渠灌溉水,小清河上游地表径流及雨洪资源,柳港地表径流及雨洪资源。

为满足调蓄需要,建设人工湖调蓄工程,包括天水湖、北郊调蓄湖等。各调蓄湖特性见表 2-3。

同时对已有的陈蕃湖、港湾港湖进行改造,特性见表 2-3。

表 2-3 湖泊水面面积、水体规模参数

名称	水面面积/万 m^2	水体规模/万 m^3
天水湖(新建)	21.8	86.9
北郊调蓄湖(新建)	39.1	157.1
陈蕃湖(已有工程)	1.8	7.2
港湾港湖(已有工程)	1.5	6.0
合计	64.2	257.2

其中,天水湖主要采用引水管道和引水渠,将柳港水引至天水湖,补给生态景观用水,该工程主要包括引水工程、调蓄湖和退水工程等。

北郊调蓄湖以小清河径流、宿鸭湖二干渠灌溉水作为主要水源,采用管道将水引至北郊调蓄湖,补给生态景观用水,该工程包括引水工程、调蓄湖和退水工程等。

2.1.7 人工湖调蓄工程

结合平舆县城市发展规划及河湖水系连通需要,本次新建天水湖、北郊调蓄湖两处人工湖调蓄工程。其中,天水湖正常蓄水位时库容 86.9 万 m^3,北郊调蓄湖正常蓄水位时库容 157.1 万 m^3。

依据《防洪标准》(GB 50201—2014)和《城市防洪工程设计规范》(GB/T 50805—2012),确定天水湖的设计防洪标准为 10 年一遇,校核防洪标准为 20 年一遇。

2.1.7.1 天水湖

1. 死库容

天水湖工程建成后,应考虑由柳港径流入天水湖形成的泥沙淤积,须留有一定的淤积库容,流域泥沙含量 0.8 kg/m^3,按照柳港年均径流量的一半即 646/2=323(万 m^3)计算,运行 30 年淤积量 7.75 万 t,按泥沙容重 1.3 t/m^3 计算,淤积量 5.96 万 m^3。

2. 正常蓄水位及兴利库容要求

根据平舆县中心区城市规划方案,天水湖周边将进行基础设施建设,环湖不宜筑建堤防,正常蓄水位应满足蓄水后防盐碱化临界水位要求及周边地面建筑安全高度对湖体水位要求。结合天水湖周边地形情况,正常蓄水位定为42.5 m,兴利库容按满足下游七里河至少30 d生态用水考虑,即0.24×30×24×3 600/10 000=62.2(万 m^3)。

3. 水位库容曲线

根据征地范围及特征库容指标,结合天水湖开挖方案,天水湖水位-库容关系见表2-4。

表2-4　天水湖水位-库容关系

水位/m	面积/万 m^2	库容/万 m^3	水位/m	面积/万 m^2	库容/万 m^3
37.5	4.67	0	42.5	21.80	86.9
38.0	14.67	4.8	44.0	25.94	122.7

正常蓄水位42.5 m时,相应库容为86.9万 m^3,此时兴利库容为86.9−5.96=80.94(万 m^3),满足上述62.2万 m^3 兴利库容要求。

4. 防洪调节

洪水期间,周边河道及排水沟等均不入天水湖,入库洪水仅为库面降雨形成。考虑发生暴雨洪水时,中央生态绿谷及下游七里河汇集周边城区洪水水位较高,天水湖水面洪水较小,为减轻七里河防洪压力,天水湖蓄洪不下泄。

天水湖水域面积0.26 km^2,按拦蓄24 h洪量计算,10年一遇洪量为4.5万 m^3,20年一遇洪量为6.2万 m^3。

5. 工程特征

结合水位-库容曲线,正常蓄水位为42.5 m,相应库容为86.9万 m^3,兴利库容80.94万 m^3;死库容5.96万 m^3,死水位38.06 m;10年一遇设计洪水位42.69 m,相应库容91.4万 m^3;20年一遇校核洪水位42.76 m,总库容93.1万 m^3。

2.1.7.2　防渗工程设计

本次地质勘测结果显示,人工湖调蓄工程蓄水湖周边勘测期地下水埋深为4.04~4.35 m。

从区域地层结构来看,场区以重粉质壤土和粉质黏土为主,渗透系数 4.5×10^{-5}~3.0×10^{-5} cm/s,属弱透水性,调蓄湖蓄水后,岸坡岩性主要由①层重粉质壤土和②层重粉质壤土组成。

根据渗流计算分析研究,如不采取任何防渗措施,调蓄湖在正常蓄水位下,渗漏量为 9.76×10^4 m^3/a,约占调蓄湖总容量的10%,渗漏量不大,对调蓄工程运行不存在较大影响。因此,调蓄湖工程不再进行防渗处理。

2.1.8　调蓄湖开挖工程设计

2.1.8.1　湖体的开挖设计原则

(1)湖体开挖平面及断面的布置要有利于水体循环和水质保护。

(2)湖体开挖深度应满足旅游船只航行对水深的要求,以及防止水体发生富营养化对水深的要求。

(3)充分考虑生态环境对湖区湿地、水生植物种养等的要求,合理对其规划布置。

(4)湖体岸坡的开挖及护砌结构应与周边景观绿化紧密结合。

(5)尽量减少湖体的土方开挖量。

(6)保证上下游河道顺接。

2.1.8.2　**天水湖开挖工程设计**

天水湖湖底形态布置首先应满足平均水深2.5 m的要求,且有利于水体流动,满足水体运行方式的要求,有利于水体净化的要求,并满足小型游船对水深的要求;同时应考虑库底不同区域的自然过渡,满足边坡稳定要求。另外,湖底的形态应与湖体开口平面形态相协调,便于湖岸坡面变化平缓自然。湖底形态按水深不同,在平面上分为浅水区、过渡区、深水区、湿地区、湖底顺接区。

浅水区宽度6~10 m,保证0.5~1.0 m的水深要求,高程在41.5~42.0 m,主要分布在湖区岸边水域。过渡区位于浅水区和深水区之间,坡度1∶5,高程在38.00~42.00 m。深水区与过渡区相连,深水区底部高程为37.5~38.0 m,保证最大5 m的平均水深。湿地区位于湖区的东北及东南角,根据湖区形状,宽度3~90 m,以浅滩为主,水深0.5 m,高程42.00 m。湖底顺接区,主要保证湖泊与上下游河道的顺接,顺接区开挖梯形断面。正常蓄水位由下游规划液压坝控制,正常水位高程42.50 m时,水面面积21.8万m^2。

2.1.8.3　**开挖深度确定**

该工程为在平原区人工开挖的调蓄湖,开挖深度与水体体积、工程占地、出水条件、工程投资、施工条件、水质等多种因素有关,就本工程而言,开挖深度越大,土方开挖量大,工程投资也越大,因受出口七里河河底高程的限制,开挖深度越大,调蓄湖死库容越大,水质越易恶化。根据该处的地形、地质条件,参照国内已建成的人工开挖湖泊的水体深度,结合本工程的实际情况,拟定该调蓄湖平均水深为3.99 m,最大水深为5.0 m,池底开挖高程为37.50 m,平均开挖深度为6.5~7.0 m。

由于平舆县人工湖调蓄工程为平原区人工开挖的调蓄湖,工程将有大量的弃土、弃渣,除按规划要求将附近最低地面高程填平至44.00 m及做人工湖附近的微地形外,剩余土料用以河道综合治理工程的填方及微地形用途。

2.1.8.4　**开挖边坡设计**

根据地勘报告成果,调蓄湖挖深6.5~7.0 m,池岸岩性由第四系全新统冲湖积层(Q_4^{al})、第四系上更新统冲湖积层(Q_3^{al})和第四系中更新统冲洪积层(Q_2^{al+pl})。岩性为重粉质壤土和粉质黏土,由上而下依次为①重粉质壤土、②重粉质壤土和③粉质黏土,以重粉质壤土和粉质黏土为主。根据相关地方规划要求,结合工程区地层岩性及各土体单元物理、力学性指标,对开挖边坡进行了稳定分析计算。拟定蓄水池开挖边坡不陡于1∶3。

结合湖区各部位的地理位置及湖线形状,分别采用不同的开挖边坡,各分区控制开挖边坡如下:①在坐标点号A—C之间湖体边坡共设置三级,均为1∶5;②在坐标点号C—D之间湖体边坡共设置二级,依次为1∶10、1∶5;③在坐标点号D—E之间湖体边坡共设置三级,依次为1∶10、1∶5、1∶5;④在坐标点号E—F之间湖体边坡共设置二级,均为1∶5;⑤在坐标点号F—G之间湖体边坡共设置三级,依次为1∶10、1∶5、1∶5;⑥坐标点号G—H之间为退水渠出口,边坡1∶3;⑦在坐标点号H—I之间湖体边坡共设置三级,均为1∶5;⑧在坐标点号I—J之间湖体边坡共设置二级,均为1∶5;⑨坐标点号A—J之间为引水渠进口,边坡1∶3。

2.1.8.5　**湖底比降设计**

天水湖中心底部高程37.50 m,湖区首端和末端湖底高程均为40.5 m,向中心按1∶100比降控制。

$$Y = R + e + A \tag{2-1}$$

式中:Y为超高,m;R为波浪爬高,m,按$R = \frac{K_{\Delta}K_{w}\sqrt{h_{m}L_{m}}}{\sqrt{1+m^{2}}}$计算,$K_{\Delta}$为斜坡的糙率渗透性系数;$K_{w}$为经验系数;$e$为风壅水面高度,m,按$e = \frac{KW^{2}D\cos\beta}{2gH_{m}}$计算,$K$为综合摩阻系数,取$3.6\times10^{-6}$,$D$为风区长度,m,$W$为计算风速,m/s,$\beta$为计算风向与坝轴线法线的夹角,(°);$H_{m}$为水域平均水深,m;$A$为安全加高,m。

本工程为5级建筑物,为平原区人工开挖成湖,设计工况下,安全加高为0.5 m,校核工况下安全加高为0.3 m。天水湖调蓄湖岸顶高程计算成果见表2-5。

表2-5　天水湖调蓄湖岸顶高程计算成果

计算参数	计算工况		
	校核水位	设计水位	正常蓄水位
安全加高 A/m	0.3	0.5	0.5
风壅高度 e/m	0.015	0.016	0.017
波浪爬高 R/m	0.54	0.639	0.637
超高 Y/m	0.855	1.155	1.154
调蓄湖水位/m	42.76	42.69	42.5
计算湖周地面高程/m	43.615	43.845	43.654

按《碾压式土石坝设计规范》(SL 274—2020)计算结果,池周地面高程应不低于43.845 m,按防盐碱化临界水位要求,周边地面高程不低于43.50 m。现状湖址四周地面高程均在44.0 m左右,调蓄湖建成后岸周个别低地面高程将填平至44.00 m,调蓄湖岸高程满足要求。

2.1.9　调蓄湖岸顶高程复核

根据平舆县中心区城市规划方案及平舆县城南新区城市设计方案,调蓄湖周边将进行基础设施建设,不宜筑建堤防,因此调蓄湖特征水位首先应满足以下几方面的要求。

2.1.9.1　**防盐碱化临界水位要求**

调蓄工程蓄水后,会造成区域地下水位的抬高,可能会导致周围大部分地区受浸没影响,当地下潜水位上升接近地表时,由于毛细作用的结果,再加之强烈的蒸发浓缩作用,可使盐分在上部岩土层中积聚形成盐渍土。这样不仅改变了岩土原来的物理力学性质和化学成分,而且矿化度增高,同时增强了岩土及地下水对建筑材料的腐蚀性。本工程区域勘测期地下水埋深为 4. 04~4. 35 m,工程建成后,经过长期的运行,池周边地下水与蓄水池水体趋于平衡,在渗漏影响半径范围内区域地下水位将会相应升高。结合国内已建调蓄工程的经验,调蓄湖正常蓄水位应低于周边地面高程 1. 0~2. 0 m。

2. 1. 9. 2 地面建筑安全高度要求

调蓄湖正常蓄水位为 42. 50 m,10 年一遇设计洪水位为 42. 69 m,20 年一遇校核防洪水位为 42. 76 m。应保证调蓄湖周边地面建筑安全高度不低于调蓄湖校核洪水位加上安全超高。

按《碾压式土石坝设计规范》(SL 274—2020)规定,池周地面高程等于调蓄湖静水位与超高之和,分别按以下运用情况计算,取其最大值:

(1)10 年一遇设计洪水位加正常运用条件的超高;

(2)正常蓄水位加正常运用条件的超高;

(3)20 年一遇校核洪水位加非常运用条件的超高;

(4)岸顶超高计算。

岸顶超高计算按《水利水电工程等级划分及洪水标准》(SL 252—2017)、《碾压式土石坝设计规范》(SL 274—2020)的规定。

2. 1. 10 湖体稳定分析

2. 1. 10. 1 边坡稳定分析

计算方法采用二维有限元方法。

本阶段勘察资料显示:工程所在区域地下水流向为西北至东南,与地势变化一致,勘察期间测得场区地下水埋深 4. 04~4. 35 m,水位高程 39. 86~40. 24 m。

根据地质勘查成果,经综合考虑,本次分析按以下 4 种工况进行稳定计算。

工况 1:施工期,调蓄湖水位 38. 06 m,周边地下水位 40. 24 m。

工况 2:蓄水期,调蓄湖水位 42. 50 m,周边地下水位 39. 86 m。

工况 3:校核情况,调蓄湖水位 42. 76 m,周边水位 39. 86 m。

工况 4:骤降情况,调蓄湖水位 42. 50 m 降至 40. 50 m,周边水位 39. 86 m。

稳定计算成果见表 2-6。

表 2-6 稳定计算成果汇总

工况	安全系数值
工况 1	3. 80
工况 2	4. 15
工况 3	5. 18
工况 4	2. 73

根据碾压式土石坝设计规范,5 级建筑物抗滑稳定安全系数,正常运用条件为 1. 25,非常运行条件 I 为 1. 15,满足设计要求。

2. 1. 10. 2 直墙护岸稳定分析

本次设计直墙护岸采用亲水生态砌块,最大墙高 2. 4 m,墙后设置土工格栅 5 道。本次取不同工况对其进行稳定分析。所采用的地质参数见第 3 章内容。

(1)墙后填土压力计算:铅直土压力按上部土重计算,侧向土压力按朗肯主动土压力理论计算,计算公式:

$$P_a = \gamma H^2 K_a/2 + qHK_a - 2cHK_a^{1/2} \tag{2-2}$$

式中:γ 为土容重,kN/m^3,取 19;c 为土的黏聚力,kPa,取 0;K_a 为主动土压力系数,$K_a = \tan^2(45°-\varphi/2)$;$\varphi$ 为土的内摩擦角,取 35°;H 为土的高度,m;q 为地面均布荷载,N/m^2。

按完建期进行计算。

(2)抗倾覆稳定:要求挡土墙在任何不利的荷载组合作用下均不会绕前趾倾覆,且应具有足够的安全系数。

$$K_0 = 抗倾覆力矩 / 倾覆力矩 \geqslant [K_0] \tag{2-3}$$

式中:K_0 为计算抗倾覆稳定安全系数;$[K_0]$为容许的抗倾覆稳定安全系数。

抗倾覆计算采用下式计算:

$$K_t = \frac{Gx_0 + E_{az}X_f}{E_{ax}Z_f} \tag{2-4}$$

式中:G 为挡土墙每延米的自重,kN,取 20;E_{az} 为土压力在垂直方向上的分力;X_f 为土压力作用点到挡土墙前趾边缘的水平距离;E_{ax} 为土压力在水平方向上的分力;Z_f 为土压力作用点到挡土墙前趾边缘的垂直距离。

(3)抗滑稳定:

$$K_c = \frac{f\sum G}{\sum H} \geqslant [K_c] \tag{2-5}$$

式中:K_c 为计算的抗滑稳定安全系数;$[K_c]$为容许抗滑稳定安全系数;$\sum G$ 为垂直与底面的力之和;$\sum H$ 为水平力之和;f 为摩擦系数,取 0.41。

(4)地基容许承载力:

$$\sigma_{\min}^{\max} = \frac{\sum G}{A}\left(1 \pm \frac{6e}{B}\right) \tag{2-6}$$

式中:$\sigma_{\min}^{\max}$ 分别为基底压力的最大值和最小值,kPa;$\sum G$ 为竖向力之和,kN;A 为基底面积,m^2;B 为墙底板的宽度,m;e 为合力距底板中心点的偏心距,m。

计算完建期工况,结果表明各项指标均满足设计要求,计算结果见表 2-7。

表 2-7　挡土墙稳定计算成果

计算条件		抗滑稳定安全系数 K_c		抗倾覆稳定安全系数 K_0		基底压应力	
		计算值	规范允许值	计算值	规范允许值	σ_{max}	σ_{min}
1.8 m 高直墙	完建期	1.78	1.2	3.45	1.4	41.600	26.620

由计算结果可知,本次设计挡土墙抗滑稳定安全系数、抗倾覆稳定安全系数均满足相关规范要求。基底平均压应力 34.11 kPa,最大压应力 41.600 kPa,小于黏土层的地基承载力。

2.1.11　湖岸护砌工程设计

根据天水湖开挖后湖岸地形地势特点,结合不同功能区划分和景观需要,采用的护岸形式总体有5种,分别为多级台阶亲水平台护岸、亲水生态砌块直墙护岸、连锁种植砖护岸、三维排水柔性生态袋护岸、植草皮护岸。各种护岸形式结合湖区周边环境交替搭配布置,一方面可以稳定湖岸形态,另一方面有效地结合了亲水、近水的游憩效果和绿化岸线的生态效果,后期可结合景观的滨水漫道、栈道、平台设计,以形成环湖步行廊道、处处观景的效果。

(1)多级台阶亲水平台护岸:主要为湖区北侧A—C段,控制坡比1∶5,通过台阶与亲水平台相结合的形式,满足人们亲水、近水的需求。台阶采用钢筋混凝土结构,表层采用30 cm厚灰白色花岗石烧面铺装,坡比1∶5,亲水平台宽度10 m,水深0.5 m,中间设置卵石警示带,警示带宽1 m,亲水平台外侧采用C20混凝土挡土墙防护,墙顶设置警示浮标,挡土墙以下采用连锁种植砖护岸,坡比1∶5,宽度7.5 m。

(2)亲水生态砌块直墙护岸:用于湖区C—D段、I—J段,采用亲水生态砌块直墙护岸,水工结构形式满足稳定、安全的需要,安装时砌块错台连接,以灌浆孔上下左右对齐为准,砌块内交替种植石竹、长麦冬、扶芳藤及黄馨,以满足视觉效果的需要。

(3)连锁种植砖护岸:在湖区A—C段、D—E段、F—G段水下设置,形成规整稳健的水下岸线,吻合景观上营造宽敞、开阔空间的需求。

(4)三维排水柔性生态袋护岸:在湖区西岸E—F段布置,以营造幽静的密林自然景观,控制坡比1∶5,岸线坡脚位置可种植香蒲和芦苇的高大水生植物,营造气氛。

(5)植草皮护岸:在湖区亲水区域以下及深水区布置,可以抵御一般水流的冲刷,使湖体形态保持长久,不易发生冲刷变形,同时增加湖体生物多样化,对水体水质起到一定的净化作用,控制坡比1∶5。

2.2　案例2:调蓄型湖体

2.2.1　地形地貌

北郊调蓄湖场区地貌属淮河冲湖积平原区,地形较平坦,场区地面高程43.9~44.1 m。

2.2.2　地层岩性

在勘探深度范围内,场区揭露主要为第四系全新统冲湖积层(Q_4^{al})、第四系上更新统冲湖积层(Q_3^{al})和第四系中更新统冲洪积层(Q_2^{al+pl})。岩性为重粉质壤土和粉质黏土,现由新到老分述如下。

2.2.2.1　第四系全新统冲湖积层(Q_4^{al})

冲湖积成因,岩性主要为重粉质壤土。

①层重粉质壤土:灰褐色,可塑状,见锈黄色铁质浸染,干强度高、韧性高。该层揭露

层厚 2.4~2.7 m,层底高程 41.36~41.53 m。

2.2.2.2 第四系上更新统冲湖积层(Q_3^{al})

冲湖积成因,岩性主要为重粉质壤土。

②层重粉质壤土:黄褐色、褐黄色,可塑状,见少量锈黄色斑点,含钙质结核,结核粒径一般为 0.2~1.0 cm。该层揭露层厚 7.3~8.8 m,层底高程 32.73~34.06 m。

2.2.2.3 第四系中更新统冲洪积层(Q_2^{al+pl})

冲洪积成因,岩性主要为粉质黏土。

③层粉质黏土:浅棕黄色,可塑~硬塑状,见灰绿色黏土矿物,见黑色铁锰质浸染,含钙质结核,结核粒径一般为 0.5~2.0 cm,干强度高、韧性强。该层揭露最大厚度 8.8 m,未揭穿。

2.2.3 各土体物理力学性质

各土体单元物理性指标建议值见表 2-8;各土体单元力学性指标建议值见表 2-9。

表 2-8 各土体单元物理性指标建议值

土体单元序号	土名(时代成因)	天然含水量 ω/%	天然干密度 ρ_d/(g/cm³)	比重 G_s	天然孔隙比 e	液限 W_L/%	塑限 W_P/%	塑性指数 I_P	液性指数 I_L
①	重粉质壤土(Q_4^{al})	22.6	1.57	2.72	0.732	34.1	20.4	13.7	0.17
②	重粉质壤土(Q_3^{al})	24.5	1.58	2.72	0.722	33.2	20.3	13.0	0.33
③	粉质黏土(Q_2^{al+pl})	26.5	1.58	2.72	0.722	36.8	21.7	15.2	0.32

表 2-9 各土体单元力学性指标建议值

土体单元序号	土名(时代成因)	力学指标						渗透系数 K/(cm/s)	承载力标准值 f_{ak}/kPa
		压缩试验		饱和快剪试验		饱和固结快剪试验			
		压缩系数 a_{1-2}/MPa⁻¹	压缩模量 E_s/MPa	黏聚力 c/kPa	内摩擦角 φ/(°)	黏聚力 c/kPa	内摩擦角 φ/(°)		
①	重粉质壤土(Q_4^{al})	0.27	6.7	25	12	25	14	4.5×10^{-5}	130
②	重粉质壤土(Q_3^{al})	0.25	7.1	27	12	27	14	4.2×10^{-5}	150
③	粉质黏土(Q_2^{al+pl})	0.23	7.8	29	13	28	15	3.0×10^{-5}	170

2.2.4 水文地质条件及评价

场区地下水主要类型为第四系松散层孔隙潜水,第四系全新统粉质壤土是本区浅层地下水的主要含水层。勘察期间测得场区地下水埋深 3.46~3.59 m,水位高程 40.37~

40.60 m。地下水主要接受大气降水、侧向径流补给,主要排泄方式为侧向径流、河道排泄、人工开采和蒸发。

场区地下水及地表水对混凝土均不具腐蚀性,对混凝土结构中的钢筋和钢结构均具弱腐蚀性。

2.2.5 工程地质评价

场区地质结构属黏性土均一结构,由重粉质壤土和粉质黏土组成。第①层重粉质壤土承载力标准值为130 kPa,第②层重粉质壤土承载力标准值为150 kPa,第③层粉质黏土承载力标准值为170 kPa,均呈可塑~硬塑状。

拟建调蓄湖最大挖深6~7 m,湖底位于第②层重粉质壤土;湖周岩性为第①层、第②层重粉质壤土。重粉质壤土为弱透水层,不存在渗漏问题。

开挖边坡高度2~3 m,部分为水下边坡,考虑水位变幅对岸坡稳定的影响,建议开挖边坡坡比不陡于1:2.5。

调蓄湖蓄水后,对湖周存在浸没问题,第①层重粉质壤土毛细上升高度为1.0 m,建议调蓄湖设计应考虑蓄水后对湖周浸没问题的解决方案。

2.2.6 工程建设规模

结合平舆县城市发展规划及河湖水系连通需要,本次新建天水湖、北郊调蓄湖两处人工湖调蓄工程。其中,天水湖正常蓄水位时库容86.9万m^3,北郊调蓄湖正常蓄水位时库容157.1万m^3。

依据《防洪标准》(GB 50201—2014)和《城市防洪工程设计规范》(GB/T 50805—2012),确定北郊调蓄湖的设计防洪标准为10年一遇,校核防洪标准为50年一遇。

(1)死库容。

北郊调蓄湖工程建成后,应考虑由小清河上游径流入调蓄湖形成的泥沙淤积,须留有一定的淤积库容,流域泥沙含量0.8 kg/m^3,按照调蓄湖闸坝处控制断面年均径流量的一半即1 474/2=737万m^3计算,运行30年淤积量16.3万t,按泥沙容重1.3 t/m^3计算,淤积量12.5万m^3。

(2)正常蓄水位及兴利库容要求。

北郊调蓄湖将作为平舆县城区河道的补给水源,后期结合城市规划发展及生态农业开发,调蓄湖正常蓄水位应满足蓄水后防盐碱化临界水位要求及周边地面建筑安全高度对湖体水位要求。结合调蓄湖周边地形情况,正常蓄水位定为42.5 m,兴利库容按满足郭楼港及张路庄港至少30 d生态用水考虑,即$(0.18+0.12)\times30\times24\times3\,600/10\,000=77.76$(万$m^3$)。

(3)水位库容曲线。

根据征地范围及特征库容指标,北郊调蓄湖水位-库容关系见表2-10。

表 2-10　北郊调蓄湖水位-库容关系

水位/m	面积/万 m^2	库容/万 m^3	水位/m	面积/万 m^2	库容/万 m^3
37.0	3.61	0.0	42.5	39.1	157.1
38.0	8.87(平台下口)	6.2	43.5	40.6	196.9
38.0	28.0(平台上口)	6.2			

正常蓄水位 42.5 m 时,相应库容为 157.1 万 m^3,此时兴利库容为 157.1－12.5＝144.6(万 m^3),满足上述 77.76 万 m^3 兴利库容的要求。

(4)防洪调节。

洪水期间,小清河及周边河道、排水沟等均不入调蓄湖,入库洪水仅为库面降雨形成。考虑发生暴雨洪水时,调蓄湖水面洪水较小,为减轻小清河防洪压力,调蓄湖蓄洪不下泄。

调蓄湖水域面积 0.41 km^2,拦蓄 24 h 洪量计算,10 年一遇洪量为 7.1 万 m^3,50 年一遇洪量为 14.6 万 m^3。

(5)工程特征。

结合水位库容曲线,正常蓄水位为 42.5 m,相应库容为 157.1 万 m^3,兴利库容为 144.6 万 m^3;死库容为 12.5 万 m^3,死水位为 38.19 m;10 年一遇设计洪水位为 42.68 m,相应库容为 164.2 万 m^3;50 年一遇校核洪水位为 42.87 m,总库容为 171.7 万 m^3。

2.2.7　北郊调蓄湖工程

北郊调蓄湖为新开挖生态湖泊,主要为郭楼港和张路庄港供给生态基流和景观用水,湖体全部采用下挖方式,开口面积为 40.62 万 m^2,正常蓄水位水面面积为 39.1 万 m^2,湖体开口岸线长 3.03 km,设计湖底高程为 38.00 m,淤积库容湖底高程为 37.00 m,正常蓄水位为 42.50 m,主要建设内容包括湖体开挖工程、湖岸防护工程、水源工程、退水工程和景观工程等。

2.2.8　防渗工程设计

北郊调蓄湖作为平舆县城市生态蓄水和生态供水的湖泊,防渗的效果直接关系到工程的质量及工程的建设和运行成本。

根据北郊调蓄湖区工程地质勘察成果,场区地质结构属黏性土均一结构,由重粉质壤土和粉质黏土组成,湖底岩性为第②层重粉质壤土,渗透系数为 4.2×10^{-5} cm/s,湖周岩性为第①层重粉质壤土,渗透系数为 4.5×10^{-5} cm/s,均为弱透水层,根据渗流计算分析研究,如不采取任何防渗措施,北郊调蓄湖在正常蓄水位下,渗漏量为 4.22×10^4 m^3/a,约占北郊调蓄湖正常蓄水量的 2.7%,渗漏量较小,对北郊调蓄湖的正常运行几乎没有影响,因此本次工程不再对北郊调蓄湖进行防渗处理。

2.2.9 湖体开挖工程设计

2.2.9.1 湖体开挖方式

根据工程区水文地质条件,场区主要含水层为第四系全新统粉质壤土,地下水主要类型为第四系松散层孔隙潜水,场区地下水埋深 3.46~3.59 m,水位高程 40.37~40.60 m,部分高于规划湖底高程,因此湖体开挖采用抽水干法开挖方式,即湖周不采取任何防渗和隔断措施,地下水位以上常规挖掘机开挖,地下水位以下采取边排水、边开挖方式。

2.2.9.2 湖底比降确定

由于湖体是在规划净地上新开挖的生态湖泊,不受周边环境因素影响,为了便于施工,湖底采用平坡设计。

2.2.9.3 湖体开挖深度确定

鉴于北郊调蓄湖周边目前尚未进行竖向规划,本次湖体开挖深度主要结合湖周边地面高程和湖底高程确定。

由于北郊调蓄湖以小清河天然径流为水源,主要依靠在小清河紧邻湖体位置规划新建拦蓄水建筑物(液压升降坝)来壅高水位以便引水入湖,因此湖底高程根据水源工程取水口处小清河河底高程确定为 38.00 m。同时考虑淤积库容的要求,湖体中间设置深水区用于淤积运行期内的泥沙,根据 2.1 节计算,深水区湖底高程确定为 37.50 m。根据湖体周边高程计算结果,湖体周边地面高程确定为 43.50 m。

因此,湖体浅水区开挖深度为 43.50-38.00=5.5(m),深水区开挖深度为 43.50-37.50=6.0(m)。

2.2.9.4 边坡断面确定

考虑生态湖泊大水面景观意向,结合湖区开挖深度,从便于形成整体水体景观、保证安全、利于施工等方面考虑,湖泊断面采用宽浅缓断面方案,湖区周边边坡坡度整体按照 1:5 控制,湖底设置浅水区和深水区,深水区依据湖区形状设置为椭圆形,长轴为 320 m,短轴 90 m,深 1 m,边坡按照 1:30 控制。同时结合景观需求,按照人们近水亲水要求,将湖体岸线划分不同功能区,采用不同的具体边坡形式。

(1)对于南侧和东北广场段,按照人民近水、亲水的要求,采用亲水生态砌块直墙方案。

(2)东西两侧及湿地地区结合景观的布置需求,以营造幽静的自然景观,采用缓坡设计,坡比为 1:5,西南部分湿地边坡坡比 1:10。

(3)西部南北侧主要为人群密集区,是人群的主要活动区,本次主要营造开阔、宽敞的活动区域,边坡采用缓坡和宽敞的亲水平台,坡比 1:5,亲水平台宽度为 10~20 m,水深控制在 50~70 cm。

(4)湖底浅水区和深水区依据地势宽度按照 1:30 坡比控制。

2.2.10 周边湖岸高程复核

本次设计北郊调蓄湖为新开挖的生态湖泊,在满足湖体景观效果的同时还必须确保防洪安全,湖体周边高程应按照设计洪水位加堤顶超高确定。根据前述章节分析和计算,北郊调蓄湖设计防洪标准为 10 年一遇,对应的洪水位为 42.68 m,参照《堤防工程设计规范》(GB 50286—2013),若湖体周边填筑堤防,堤防工程等别为 5 级,对应的不允许越浪的堤防安全加高为 0.5 m。

根据《堤防工程设计规范》(GB 50286—2013),堤顶超高应按下式计算:

$$Y = R + e + A \tag{2-7}$$

$$R = \frac{K_{\Delta}K_{w}}{\sqrt{1 + m^2}}\sqrt{h\lambda} \tag{2-8}$$

$$e = \frac{Kv^2F}{2gD}\cos\beta \tag{2-9}$$

式中:Y 为堤顶超高,m;R 为设计波浪爬高,m,按莆田实验站公式计算平均爬高;K_{Δ} 为斜坡的糙率渗透系数,根据护面类型,查草皮护坡为 0.85~0.90,取 0.9;K_w 为经验系数,由风速 W、坡前水深 H、重力加速度组成的无维量,取 1.23;K 为综合摩阻系数,取 3.6×10^{-6};v 为设计风速,取汛期多年平均最大风速的 1.5 倍,汛期多年平均最大风速为 15.2 m/s,则 $v=22.8$ m/s;F 为吹程,取上口宽;D 为平均水深,取最大水深;β 为风向与垂直堤轴线的法线的夹角,$\beta=0$;A 为安全超高,取 0.5 m。

经计算,安全超高为 0.73 m,取 0.8 m,则湖体周边地面(若需要筑堤防,则为堤防顶高程)应为:42.68+0.8=43.48(m)。由于现状湖体周边地面高程为 43.50 m,满足 10 年一遇防洪标准的要求,湖体周边不需填筑堤防,按照现状地面高程 43.50 m 整修即可,同时湖体四周可根据周边景观需求设置微地形。

2.2.11　湖岸护砌工程设计

根据北郊调蓄湖开挖后湖岸地形地势特点,结合不同功能区划分和景观需要,采用的护岸形式总体有 5 种,分别为多级台阶亲水平台护岸、亲水生态砌块直墙护岸、连锁种植砖护岸、三维排水柔性生态袋护岸、植草皮护岸。各种护岸形式结合湖区周边环境交替搭配布置,一方面可以稳定湖岸形态,另一方面有效地结合了亲水、近水的游憩效果和绿化岸线的生态效果,后期可结合景观的滨水漫道、栈道、平台设计,以形成环湖步行廊道、处处观景的效果。

(1)多级台阶亲水平台护岸:主要为湖区西北及西南部岸线,控制坡比 1:5,通过台阶与亲水平台相结合的形式,满足人们亲水、近水的需求。台阶采用钢筋混凝土结构,表层采用 30 cm 厚灰白色花岗石烧面铺装,坡比 1:5,亲水平台宽度 10 m,水深 0.5 m,中间设置卵石警示带,警示带宽 1 m,亲水平台外侧采用 M7.5 浆砌石挡土墙防护,墙顶设置警示浮标,挡土墙以下采用连锁种植砖护岸,坡比 1:5,宽度 7.5 m。该形式适用于湖泊北岸 A—B 段、B—C 段、F—G 段岸线。

(2)亲水生态砌块直墙护岸:用于湖区东北及西南侧的近水区,采用亲水生态砌块直墙护岸,水工结构形式满足稳定、安全的需要,安装时砌块错台连接,以灌浆孔上下左右对齐为准,砌块内交替种植石竹、长麦冬、扶芳藤及黄馨,以满足视觉效果需要。该形式适用于 C—D 段、E—F 段岸线。

(3)连锁种植砖护岸:在湖区南岸和北岸紧邻亲水平台下设置,形成规整稳健的水下岸线,吻合景观上营造宽敞、开阔空间的需求。该形式适用于湖泊 A—B 段、B—C 段、F—G 段、D—E 段岸线亲水平台下部护坡。

(4)三维排水柔性生态袋护岸:在湖区西岸布置,以营造幽静的密林自然景观,控制坡比 1:5,岸线坡脚位置可种植香蒲和芦苇的高大水生植物,营造气氛。该形式适用于湖泊西岸 A—G 段岸线。

(5)植草皮护岸:在湖区亲水区域以下及深水区布置,可以抵御一般水流的冲刷,使湖体形态保持长久,不易发生冲刷变形,同时增加湖体生物多样化,对水体水质起到一定的净化作用,控制坡比 1:5。

2.3 案例 3:饮用水湖体

2.3.1 地形地貌

拟建场地地形略有起伏,高差 1.5 m 左右。地貌单元属黄河冲积平原。

2.3.2 地层岩性

依据钻探及土工试验成果,勘探深度范围内将地层分为 5 个单元层,现自上而下对各层岩土的特征详细描述如下:

第①层,粉土夹粉质黏土(Q_4^{al}):

黄褐色,稍湿,稍密-中密,摇振反应中等,干强度低,韧性低,夹黄褐色可塑状粉质黏土,含少量植物根系。

第②层,粉砂(Q_4^{al}):

褐黄色,稍湿,稍密-中密,颗粒级配不良,主要矿物成分以长石、石英为主,少量云母碎片及暗色矿物,局部夹少量粉质黏土和粉土。

第③层,细砂(Q_4^{al}):

褐黄色,浅黄色,湿,中密-密实,颗粒级配不良,主要矿物成分以长石、石英为主,少量云母碎片及暗色矿物,局部夹少量粉质黏土、粉土和中砂。

第④层,细砂(Q_4^{al}):

灰黄色,饱和,密实,颗粒级配不良,主要矿物成分以长石、石英为主,少量云母碎片及暗色矿物,局部夹少量粉质黏土、粉土和中砂。

第⑤层,细砂(Q_3^{al}):

灰褐色,灰黄色,饱和,密实,颗粒级配不良,主要矿物成分以长石、石英为主,少量云母碎片及暗色矿物,局部夹少量粉质黏土和中砂。

2.3.3 各土体物理力学性质

根据室内土工试验结果对各层土体的物理力学性质指标进行统计,统计结果见表 2-11。

表 2-11　物理力学性质指标统计

层号	土体名称	项目	含水率 ω/%	比重 G_s	重度 γ/(kN/m³)	干重度 γ_d/(kN/m³)	孔隙比 e	饱和度 S_r/%	液限 W_L/%	塑限 W_P/%	塑性指数 I_P	液性指数 I_L	剪切试验 q		压缩试验天然		颗粒组成/%	
													c/kPa	φ/(°)	a_{1-2}/MPa^{-1}	E_{s1-2}/MPa	0.25~0.075 mm	0.075~0.005 mm
①	粉土夹粉质黏土	最小值~最大值	14.0~21.8	2.70~2.70	17.7~19.5	15.0~17.1	0.547~0.759	57~86	26.0~28.5	17.7~18.6	8.3~9.9	-0.47~0.46	9~13	20.1~22.8	0.15~0.33	5.12~10.31	1.3~8.2	91.8~98.7
		数据个体	12	12	12	12	12	12	12	12	12	12	12	12	12	12	12	12
		平均值	18.5	2.70	18.9	16.0	0.659	76	27.0	18.1	8.9	0.04	11	21.4	0.26	6.76	4.0	96.0
		标准差	2.7	0	0.5	0.5	0.064	8	0.9	0.3	0.5	0.30	1	0.8	0.06	1.79	2.0	2.0
		变异系数	0.15	0	0.03	0.04	0.10	0.11	0.03	0.02	0.06	6.95	0.13	0.004	0.24	0.26	0.50	0.02
		标准值											10.3	21.0	0.29	5.8		

2.3.4　水文地质条件及评价

2.3.4.1　地下水位

根据钻探揭露,本工程勘察期间量测的水位在地面以下 13~15 m。据区域水文地质资料,该地区地下水位的正常年份地下水年变幅 1.0~2.0 m,属潜水类型,主要为大气降水补给,历史最高水位约自然地面下 10.0 m。

抗浮设防水位可按历年最高水位自然地面下 10.0 m 设防。

2.3.4.2　水质分析结果

根据邻近场地水质分析试验,其结果见表 2-12。

表 2-12　水质分析结果

项目		Ca^{2+}	Mg^{2+}	NH_4^+	Cl^-	SO_4^{2-}	HCO_3^-
1#	含量/(mg/L)	146.49	68.07	0	89.34	158.02	8.3
2#		141.48	74.03	0	86.15	193.08	8.72
项目		CO_3^{2-}	OH^-	游离 CO_2	侵蚀 CO_2	pH 值	总矿化度
1#	含量/(mg/L)	0	0	10.95	0	6.95	742.75
2#		0	0	10.95	0	6.92	807.24

注:HCO_3^- 单位为 mmol/L,pH 值无量纲。

依据《岩土工程勘察规范》(GB 50021—2001)(2009 年版),场地环境类型为Ⅱ类,根据水质分析结果,地下水对混凝土结构及钢筋混凝土结构中的钢筋有微腐蚀性。

2.3.4.3　土样易溶盐分析结果

对本场地所取两组土样进行易溶盐分析试验,其结果见表 2-13。

表 2-13　土样易溶盐分析结果

项目		Ca^{2+}	Mg^{2+}	Cl^-	SO_4^{2-}	HCO_3^-	CO_3^{2-}	pH 值
12-1	含量/(mg/kg)	131.8	38.5	198.64	199.42	3.11	0	7.96
26-1		131.8	47.38	61.40	327.62	4.84	0	7.90

注:HCO_3^- 单位为 mmoL/kg,pH 值无量纲。

依据《岩土工程勘察规范》(GB 50021—2001)(2009 年版),场地环境类型为Ⅱ类,根据土样易溶盐分析结果,地基土对混凝土结构及钢筋混凝土结构中的钢筋有微腐蚀性。

2.3.5　工程地质评价

拟建场地属黄河冲积平原区,上部覆盖第四系(Q)松散堆积层,该地层简述如下:

第四系(Q)地层主要为由粉质黏土、粉土和砂层组成的多层松散沉积层。依据钻探资料,第四系(Q)的更新统(Q_p)和全新统(Q_h)地层均有发育,其岩性特征由老至新分述如下。

2.3.5.1　更新统(Q_p)地层

该地区发育的更新统地层有下更新统(Q_1)、中更新统(Q_2)、上更新统(Q_3)地层,总厚度300~400 m。

1. 下更新统(Q_1)地层

下更新统(Q_1)地层为一套冰水沉积、冲积和湖积相沉积，一般厚度80~200 m，顶板埋藏深度为240~280 m。根据其岩性特点，可以将其划分为上、中、下三段。

下段地层厚度40~80 m，为冰水、冲洪积沉积。其岩性为棕红、灰绿色厚层黏土、粉质黏土夹砖红或锈黄色粉细砂，底部为中粗砂、粗砂、卵石层，具有上细下粗的特征。该段地层中的砂、砂卵砾石层分选性差，富含泥质，局部为钙质胶结，半成岩或成岩状，以具有砖红或锈黄色的混粒结构为本段的标志层。

中段地层厚度40~80 m，为冲积和湖积相沉积。其岩性为黄棕、棕、棕红色黏土、粉质黏土夹粗、中、细砂层。黏土细腻，断面光滑，呈致密块状。砂、砂砾石分选性差，富含泥质，局部钙质胶结。

上段地层厚度50~80 m，为冰水、冲积、湖积及河口三角洲相沉积。其岩性上部为黄绿色，下部为灰绿色夹黄棕、浅棕红色粉质黏土、黏土，细、中砂层。该层顶部的黄绿色黏土(或粉质黏土)分布稳定，且普遍含有豆状大小的铁锰质结核，局部富集成层，富含钙质结核。

2. 中更新统(Q_2)地层

中更新统(Q_2)地层为一套以冲积为主、局部为湖积相沉积，总厚度80~120 m。根据其岩性特点，可将其划分为上、下两段。

下段地层顶板埋深140~210 m，底板埋深230~280 m，沉积厚度40~90 m。岩性由黄棕、棕黄色中厚层粉质黏土、粉土夹薄层或中厚层细砂、粉砂组成，局部夹有深灰色淤泥质粉质黏土并含有螺类生物化石碎片。土层坚硬呈块状，砂层单层厚度5~10 m，局部达15 m以上，分选性、磨圆度一般较好。富含钙质结核，局部富集成钙化层或钙质结核薄层。

上段地层顶板埋深110~169 m，底板埋深140~210 m，沉积厚度30~50 m。岩性以黄棕色中厚层粉质黏土、粉土夹中厚层细砂、粉砂层为主。粉质黏土中富含钙质结核。砂层具水平微细层理，单层厚度5~10 m，其分选性和磨圆度较好，质地纯净，分布较稳定。

3. 上更新统(Q_3)地层

下段地层的顶板埋深74~101 m，底板埋深110~169 m，沉积层厚度25~80 m。

该段地层由淡黄色、浅棕黄色中厚层粉质黏土，粉土夹细砂，中砂和粗砂组成，含较多铁锰质结核。砂层以中细砂为主，并呈多层出现，一般单层厚度5~15 m，但最厚者可达28 m。砂层颗粒成分以石英、长石为主。

上更新统上段地层的顶板埋深35~53 m，底板埋深74~101 m，厚度30~60 m。

该段地层由浅褐色、浅灰黄色中厚层及薄层粉质黏土、粉土互层夹黄土状粉土、粉质黏土和中砂、细砂、粉细砂组成，呈松散-半松散状态，具水平微细层理。上部钙质结核发育，常富集成薄层。砂层颗粒分选性及磨圆度较好，成分以石英、长石为主，含少量暗色矿物。

2.3.5.2　全新统(Q_4)

全新统(Q_4)为近代黄河冲积层，广泛分布于地表，底板埋藏深度35~61 m，总厚度15~61 m。

全新统(Q_4)地层为一套黄河冲积堆积,具有典型的上粗下细的二元结构特征。该统地层上部为黄河泛流相沉积,局部为沼泽牛轭湖相沉积。黄河泛流相沉积物以灰黄色粉土和粉细砂层为主,水平层理发育;沼泽牛轭湖相沉积以黄灰、灰褐色淤泥粉质黏土及淤泥质粉砂为主,富含有机质及螺壳碎片和植物残骸,含少量铁锰质结核和脉状锈黄色浸染;中下部为主流带河床相堆积,岩性以浅黄色厚层细砂、中砂层为主,分选性和磨圆度较好,成分以石英、长石为主,并含有少量云母及暗色矿物。一般砂层单层厚度 15~30 m,发育有水平及斜层理。在河流的侧流带,以侧流漫滩相沉积为主,岩性为多层透镜状粉土夹薄层粉细砂层。

2.3.6　调蓄池工程设计

根据新乡市城市总体规划、新乡县新城区总体规划和人民胜利渠沿线地形情况,可研阶段提出了以下四个选址方案:

方案一,位于新乡市北部的凤泉区,紧邻 32 号老道井分水口门。

方案二,利用高村水厂现有的沉沙池、调蓄池进行深挖改造。

方案三,位于新乡市西南,规划的外环路北侧、人民胜利渠东侧。

方案四,位于新乡市南部,新乡县本源自来水厂的东侧和南侧。

方案一是《河南省南水北调受水区供水配套工程规划》的规划方案,位于新乡市北部的凤泉区,紧邻 32 号老道井分水口门。相比较其他几个方案,该方案优势明显,南水北调来水因重力作用流入调蓄池,应急情况下,调蓄池中水可通过重力或者低扬程水泵,利用南水北调供水配套管线自北往南给各水厂供水,动力消耗低,节约管网投资。

但由于孟营水厂水源地、贾太湖水源地已经处于城区规划建设用地范围内,并且处于新乡市规划的解放路和南环路上,不仅影响了城市的发展,而且给水源地的运行管理带来了不便。目前,太湖水源地周围环境基本以工业企业为主,尤其是存在可能影响供水安全的电厂,已经严重影响了贾太湖水源地的环境卫生保护,直接影响城市供水安全。根据相关规划,贾太湖水源地将废除,孟营水厂水源地采用南水北调水作为水源,如果南水北调水停供,孟营水厂水源地将没有水源。

如果单独从南水北调调蓄功能的角度出发,方案一无疑是最佳方案,但考虑到贾太湖水源地取消后,孟营水厂水源地将没有水源。因此,考虑这些因素,方案一作为规划二期调蓄池,待新东水厂、凤泉区水厂建成后,可以调节高村水厂、孟营水厂、新区水厂、本源水厂、新东水厂及凤泉区水厂后再进行建设,其不作为本工程一期的推荐方案。

方案二位于新乡市西部,对高村水厂现有的沉沙池、调蓄池进行深挖、扩容改造。方案二可以部分利用南水北调供水配套管线,节约投资。但因南水北调水自流流入调蓄池后,高村水厂需从调蓄池中通过水泵输送,浪费南水北调自身水头,运行费用高。

根据相关规划,暂时保留高村水厂水源地。但随着城市发展,保留的高村水厂水源地处于城市规划建设用地范围内,面临污染、影响水源地的环境卫生保护和城市供水安全,因此高村水厂水源地在远期废除。

所以从长远规划的角度来考虑,为了避免造成工程重复建设,浪费资金,方案二不作为推荐方案。

方案三位于新乡市西南,规划的外环路北侧、人民胜利渠东侧。靠近人民胜利渠,应急供水时取水方便,但输水管线较长,投资较大,应急供水时水泵扬程较高,动力损耗高。由于规划调蓄池附近没有净水厂,调蓄池中水利用不方便,为保证池中水质,只能定期换水,浪费较大。若采用水泵输送至其他水厂利用,则运行费用较高。

方案四位于新乡市南部,新乡县境内,紧邻本源自来水厂,可利用本源水厂现状沉沙池,向东、南扩展池容。方案四靠近人民胜利渠,应急时取水方便。新乡县本源水厂可利用调蓄池存水,能够保证调蓄池水质。但是方案四的输水管线较长,管线投资大,应急供水时水泵扬程较高,动力消耗较高。

通过上述比较分析,方案一作为远期规划调蓄池,方案二因处于城市规划建设用地范围内,可能影响供水安全。因此,本次初步设计拟选用方案三或方案四,对比分析见表2-14。

表2-14　方案对比

序号	比较内容	方案三	方案四
1	区位	新乡市西南,黄河大道、人民胜利渠东侧	新乡县新县城西南,黄河大道、人民胜利渠东侧,紧邻本源水厂
2	用地条件	现状用地为农田,征地有一定的难度	现状用地为农田,征地有一定的难度
3	输水管网	靠近现状取水泵站,输水管网较短,管网投资低	输水管网较长,管网投资高
4	排沙条件	附近有大量滩涂地,排沙条件好	附近主要为农田,排沙条件一般
5	供电	靠近现状取水泵站,可利用现状设施供电	紧邻本源水厂,可利用本源水厂的外电
6	环境影响	位于新乡县下游,处于城市规划区边缘,对供水安全有一定的威胁	位于新乡市和新乡县上游,供水安全有保障
7	工程投资	输水管网较短且可以利用现状沉沙池和送水泵房,投资较低	输水管网较长,需要对现状调蓄池扩容、新建取水泵站,投资较高

经过经济分析比较,方案四投资高于方案三,但是从供水水质安全方面考虑,方案四从人民胜利渠渠首到水厂取水口间没有污染严重的工业存在,也未经过城区,因此确定方案四的选址方案作为本工程的选址,即工程选址在新乡县七里营镇,紧邻新乡县本源自来水厂,人民胜利渠与黄河大道南侧。

2.3.7 工程建设规模

根据《河南省南水北调受水区配套工程规划》,设置调蓄池目的是确保用水对象的供水安全,满足水源切换时间内的连续供水。本调蓄池保证新乡市在南水北调水源发生故障时及时切换成黄河水应急水源,根据《新乡市供水与节约用水规划》,本调蓄池服务范围包括:新区水厂、孟营水厂和本源水厂。

本次服务的3座水厂:新区水厂(现状设计供水能力12万 m^3/d,全部为地表水)、孟营水厂(现状设计供水能力17万 m^3/d,其中地表水处理能力12万 m^3/d)、新乡县本源水厂(现状设计能力3.0万 m^3/d,全部为地表水)。3座水厂现状地表水处理能力27万 m^3/d。本次南水北调调蓄池工程(一期)按服务3座水厂现状总地表水处理能力27万 m^3/d 的规模设计。另考虑水厂自用水量为设计规模的10%。则调蓄池设计水量为 $27\times1.1=29.7(m^3/d)$。

根据《河南省南水北调受水区供水配套工程规划》,调蓄池应满足3 d应急供水量,即在南水北调水源发生故障时及时切换成黄河水应急水源,考虑到黄河水协调调度1 d,黄河水自取水口流至各水厂约1 d,以及沉沙需要13~15 h,故调蓄池按3 d规模建设是能够保障城市供水的。

调蓄工程建成后,考虑泥沙淤积,需留有一定的淤积库容,根据引黄水沉沙处理情况和调蓄池运行的要求,需对沉沙效果含沙量进行控制,尽量减少入池泥沙。经过上游引水渠道及沉沙池沉沙后,泥沙含量小于1.0 kg/m^3,运行30年淤积量9.18万t,按泥沙容重1.3 t/m^3,淤积量7.06万 m^3。结合调蓄池开挖方案,水库水位-库容关系见表2-15。

表2-15 水库水位-库容关系

水位/m	库容/万 m^3	水位/m	库容/万 m^3
70.6	0	75.6	62.11
71.6	7.06	76.6	77.10
72.6	20.31	77.6	92.44
73.6	33.90	78.6	108.14
74.6	47.83	79.6	124.19

结合调蓄池开挖需要,综合考虑确定死水位为71.6 m,设置死库容7.06万 m^3。校核情况下调蓄池24 h洪水总量为4.1万 m^3。调蓄池考虑预留沉沙死库容7.06万 m^3。经计算,调蓄池的最小库容为106.86万 m^3。综合考虑泵站、水闸、沉沙池等运行需要,选择最高水位为79.1 m,相应库容为116.17万 m^3,根据《水利水电工程等级划分及洪水标准》(SL 252—2017),该调蓄池工程等级为Ⅳ等,主要建筑物为4级,次要建筑物和临时性建筑物均为5级。

取水泵站提水流量3.69 m^3/s,装机容量2 130 kW,根据《泵站设计标准》(GB 50265—2022),该泵站工程等别为Ⅲ等,主要建筑物为3级建筑物,次要建筑物为4级建筑物,临时性建筑物为5级。

沉沙池进水闸设计流量为3.69 m^3/s,根据《水闸设计规范》(SL 265—2016),进水闸工程等别为Ⅴ等,主要建筑物级别和临时建筑物级别均为5级。

2.4　案例4:小型水库

2.4.1　地形地貌

坝址区位于渡洋河顺直河段,河流流向近EW向。坝址区河谷狭窄,为基本对称的U形河谷,两岸下部岩体裸露,岸坡下陡上缓。Ⅰ—Ⅰ′坝轴线右岸相对较陡,外凸,坝轴线上游岸坡中部分布有V形冲沟,右岸下段地形坡度为68°,上段为25.5°。左岸下段相对较缓,地形坡度为38.2°,上段为23°。两岸山顶的最大高程约590 m,河床最低高程约458.30 m,相对高差约130 m。河谷底宽约68 m,水深0~0.4 m。

Ⅱ—Ⅱ′坝轴线河谷宽约75 m,右岸岩体裸露,两岸岸坡坡度较缓。坝轴线左岸下游发育有较大的冲沟,局部残留Ⅰ级阶地,阶面宽0~5 m,顺河道长约343 m,阶地沿河谷左岸形成陡坎状,厚度1.5~3 m,阶地类型为侵蚀堆积阶地。

2.4.2　地层岩性

坝址区地层岩性较简单,出露的地层主要有下元古界上熊耳群(Pt_1xl_3)安山玢岩及新生界第四系(Q)松散堆积层。

下元古界上熊耳群(Pt_1xl_3):分布于坝址区两岸,主要为深灰色安山玢岩,隐晶质-斑状结构,斑晶多为长石、角闪石等;杏仁或块状构造,杏仁直径5~15 mm,杏仁中充填物有石英、方解石等,基质具交织结构。安山玢岩强度较高,呈现脆性。受沟谷卸荷和表面风化影响,表层岩体节理裂隙较发育,将岩体切割成块状。

中更新统冲、洪积层(Q_2^{al+pl}):主要为黄土状低液限黏土,含2~4层钙质结核;呈团块状,较坚硬,多呈紫红色,且充填有铁锰质。该地层主要分布于渡洋河两岸山体上部,厚度一般为3 m。

全新统冲、洪积层(Q_4^{al+pl}):广泛分布于河床、漫滩及河流阶地上。主要为黄土状低液限黏土及砂卵石层。粉土结构松散,层理清晰,手捏即碎,砂感较强;砂卵石层以砾石为主,含少量卵石,夹有粉细砂薄层或中砂、细砂、粉细砂透镜体;砾石成分以安山玢岩、流纹岩等火成岩为主,砂成分以长石、石英为主;砾石磨圆度中等~较好;该地层主要分布于渡洋河Ⅰ级阶地、漫滩及河床内,Ⅰ级阶地上的黄土状低液限黏土厚度一般为2~5 m,漫滩及河床内的卵石层厚2.4~17.0 m。

坝址区地质构造较简单,调查中未发现断裂带分布,断层及褶皱不发育。受区域地质构造的影响,区内岩体中节理裂隙较发育。通过对坝址区典型基岩出露面的节理裂隙调查发现,主要节理有以下4组:

(1)走向NE10°~NE20°,倾向SE,倾角15°~30°,裂隙密度5~7条/m。

(2)走向NE60°左右,倾向SE,倾角70°左右,裂隙密度2~3条/m。

(3)走向NW15°左右,倾向SW,倾角80°~90°,裂隙密度1~2条/m。

(4)走向 NW65°左右,倾向 NE,倾角 80°~90°,裂隙密度 1~2 条/m。

从节理的发育情况可以看出,频度最高为第(1)组,第(2)组次之,第(3)组、第(4)组不发育。坝址区节理一般延伸长度差别较大,从几米到几十米,节理面大多较平直,裂隙宽一般为 0.5~3 mm,最宽 20 mm。

2.4.3 岩土体物理力学性质

2.4.3.1 河床覆盖层(河床砂卵石层)

坝址区分布的主要松散层为河床全新统冲、洪积砂卵石层(Q_4^{al+pl}),对该层进行了颗粒分析试验、超重型动力触探和室内岩土力学试验等工作。

河床、河漫滩砂卵石层,上坝线一般厚 2.4~6.8 m,下坝线一般厚 8~17 m。

河床砂卵石层的漂石含量为 0;卵石含量为 5.61%;砾石含量为 60.59%;含砂率为 28.17%;局部含泥质,泥质(粉粒、黏粒)含量为 5.63%。颗粒分析试验成果表明,河床砂卵石层的含砂率较高,局部泥质含量也较高,具有冲、洪积性质。河床砂卵石层的平均特征粒径为:$d_{60}=13$ mm,$d_{30}=1.5$ mm,$d_{10}=0.8$ mm,不均匀系数 $C_u=16.25$,曲率系数 $C_c=0.216$。根据粒径大于 2 mm 的砾粒组质量大于总质量的 50%,可定名为砾类土;砾类土中粒径小于 0.075 mm 的细粒含量为 5.63% ,大于 5%,此砾类土为含细粒土砾。

超重型动力触探击数(N_{120})平均值为 5.9 击(经杆长校正),根据《水利电力部动力触探试验规程》,碎石土 N_{120} 为 5.9 击时对应的承载力为 490 kPa;按照原铁道部《动力触探技术规定》有关经验公式,确定河床砂卵石层的承载力为 650 kPa;河床砂卵石层中大于 5 mm 的颗粒含量大于 50%,按《建筑地基基础设计规范》(GB 50007—2011),属碎石土,参照该规范附录五中附表 5-2 碎石土承载力标准值,中等密实状态的碎石土承载力标准值为 400~700 kPa,该层的承载力可取 400 kPa。鉴于砂卵石的不均一性,综合考虑,建议河床砂卵石层的允许承载力取 300~400 kPa。

根据砂卵石层的颗粒级配,按总体中等密实状态考虑,参考工程经验,提出河床砂卵石层物理力学指标建议值,见表 2-16。

表 2-16 河床砂卵石层物理力学指标建议值表

含砂率/%	干密度/(g/cm^3)	比重/(kN/m^3)	变形模量 E_0/MPa	抗剪强度		地基承载力/kPa	渗透系数/(m/d)
				c/MPa	φ/(°)		
28.17	2.10	2.66	30~40	0	34~36	300~400	30~70

2.4.3.2 坝基岩体

为研究坝址区岩石和岩体物理力学特性,共进行了 8 组安山玢岩室内物理力学试验。从岩石物理力学试验结果看:安山玢岩微风化~新鲜岩石饱和抗压强度在 79.1~100.2 MPa,平均值为 82.6 MPa,密度为 2.83 g/cm³,属坚硬岩。

坝址区与洛河崇阳水电站、禹门河水库相距较近,且地层均为下元古界长城系熊耳群,岩性基本一致,工程地质条件基本类同。可参考崇阳水电站、禹门河水库坝址区岩石物理力学性质指标。

根据岩石室内物理力学试验成果、岩体的风化特征、岩体的完整程度、岩体的结构类型,并结合相似工程的类比分析,提出坝基岩体的物理力学指标建议值,见表2-17。

表2-17 坝址区岩体物理力学参数建议值

参数		安山玢岩	
		弱风化	微风化~新鲜
天然密度/(g/cm^3)		2.80	2.82
饱和抗压强度/MPa		25~50	60~90
软化系数		0.61~0.75	0.62~0.77
变形模量/10^3 MPa		2~3	4~8
弹性模量/10^3 MPa		4~6	8~15
泊松比		0.26	0.25
抗剪断强度	f'	0.7	
	c'/MPa	0.6	
抗剪断强度(岩体/混凝土)	f'	0.7	
	c'/MPa	0.6	
地基承载力/MPa		2.0~3.0	4.0~5.0

2.4.4 水文地质条件及评价

勘探期间,坝址区附近地下水埋深1.0~2.0 m,坝址区地下水类型主要为松散岩类孔隙水和基岩裂隙水两种类型。

松散岩类孔隙水:主要赋存和运移在河床砂砾石层中,水量较为丰富,受河水及大气降水的补给,以侧向径流的形式向河床及下游低洼之处排泄。

基岩裂隙水:一般以潜水的形式出现,广泛分布在坝址区裂隙化的火山岩体中。地下水主要赋存于风化卸荷带中,无统一的潜水面。主要接受大气降水补给,以地下径流的方式向沟谷和松散堆积层中排泄。

根据河床钻孔压水、注水试验资料,上坝线河床第四系覆盖层渗透系数 $K=30\sim70$ m/d,属强透水性,覆盖层厚度在2.4~6.8 m,其下伏安山玢岩表部有4.0~4.7 m的强风化带,钻探岩芯破碎,少部分呈短圆柱状,岩芯采取率低;下部弱风化岩石的岩芯一般较完整,岩芯采取率较高,岩石透水率 $q=6.1\sim8.2$ Lu,属弱透水性;微风化及新鲜岩体完整,岩石透水率 $q=2.8\sim5.6$ Lu,属微~弱透水性。

坝址区岩体透水性总的规律是随着深度增加而减弱,与岩体风化卸荷程度的垂直变化规律一致,全~强风化卸荷岩体多具强透水性,弱~微风化岩体多具弱~微透水性。

依据有关规范和坝址区勘察结果,两岸坝肩岩体相对隔水层(透水率 $q\leq5$ Lu)的埋深厚度一般在15 m;河床坝基基岩相对隔水层(渗透系数小于5 Lu)位于微风化岩层,一般埋深30 m,相对隔水层顶板高程为425~430 m。

根据水质分析结果,水化学类型为 $HCO_3^- \cdot SO_4^{2-}-Ca^{2+}-Mg^{2+}$ 型水,pH 值 7.82~9.16,为弱碱性水,总硬度 9.32~15.63。河水中无侵蚀性 CO_2 和游离 CO_2。依据水质有关评价标准,区内水质符合工业和饮用水标准。坝址区河水及地下水对混凝土不存在分解类、分解结晶复合类、结晶类硫酸盐型腐蚀性,对混凝土无侵蚀性。

2.4.5　工程地质评价

工程区内分布的基岩地层为下元古界上熊耳群(Pt_1xl_3),主要岩性为深灰色安山玢岩等,新生界第四系中上更新统冲、洪积层(Q_{2+3}^{al+pl}),全新统冲、洪积层(Q_4^{al+pl}),全新统坡积层(Q_4^{dl}),全新统崩积层(Q_4^{col})。

工程区大地构造位置处于华北断块区和秦岭断褶系两个一级大地构造单元的过渡地带,为华北断块区西南隅的豫皖断块的豫西断隆。本区构造线方向为北西西向或近东西向的构造,这些构造形迹构成了本区的基本构造格架。

工程区属中低山地貌单元,河谷两岸山势陡峻,山体宽厚,垂直两岸的沟谷较发育。河谷两岸中下部基岩裸露,上部多被零星分布的第四系地层覆盖,植被较好,为中低山区峡谷型河道。河谷底部宽度变化较大,洛阳至三门峡公路(S249)通过处河道最窄,河谷底部宽度约 40 m,此处河谷横断面呈狭窄 V 形河谷;向上游的河道拐弯处河谷底部宽度较大,约 200 m,此处河谷横断面呈宽缓的 U 形河谷。

库区主要由渡洋河主河道和一条支沟组成,阶地不发育,河道顺直段两岸无阶地分布;河道非顺直段,在河谷凹岸及分叉处仅零星分布有渡洋河 Ⅰ、Ⅱ级阶地。库区内不良地质现象不发育,没有较大的滑坡、崩塌、泥石流等不良物理现象分布,仅在局部岸坡处分布小规模的松散弃渣堆积体,对工程无大的影响。

2.4.6　工程建设规模

2.4.6.1　工程任务

洛宁县渡洋河大石涧水源工程主要任务是农田灌溉,同时兼顾防洪。

2.4.6.2　水库工程规模

洛宁县渡洋河大石涧水源工程,总库容 996.58 万 m^3。根据《水利水电工程等级划分及洪水标准》(SL 252—2017),渡洋河大石涧水源工程为小(1)型水库。

2.4.7　工程等别和标准

渡洋河大石涧水源工程水库总库容 996.58 万 m^3,总灌溉面积 4.86 万亩(1 亩=1/15 hm^2,全书同),提灌站灌溉面积 3.1 万亩,工程总供水规模 1.27 m^3/s,其中北提灌站泵站灌溉设计流量为 0.41 m^3/s,南提灌站泵站灌溉设计流量为 0.86 m^3/s,北提灌站装机容量 1.845 5 MW,南提灌站装机容量 2.51 MW。根据《水利水电工程等级划分及洪水标准》(SL 252—2017),渡洋河大石涧水源工程属Ⅳ等小(1)型水库,主要建筑物为 4 级建筑物,次要建筑物为 5 级。根据《泵站设计标准》(SL 50265—2022),按泵站设计流量泵站等级为Ⅴ等小(2)型,按装机容量泵站为Ⅲ等中型泵站。规范规定,当泵站按分等指标分属两个不同等别时,应以其中的高等别为准,故确定泵站为Ⅲ等中型泵站。泵站主要建筑物为 3 级建筑物,次要建筑物为 4 级。

2.4.8　坝体稳定及应力计算

2.4.8.1　荷载分析

作用在重力坝的荷载主要有坝体自重、上下游坝面上的水压力、扬压力、浪压力、泥沙压力、地震荷载及土压力等。设计重力坝时应根据具体的运用条件确定各种荷载的数值,并选择不同的荷载组合,用以验算坝体的稳定和强度。

1. 荷载的计算

1)坝体自重

坝体自重是维持大坝稳定的主要荷载,其数值可根据坝的体积 V 和材料容重 γ_c 计算确定:

$$W = V\gamma_c \tag{2-10}$$

本工程采用碾压混凝土筑坝,取容重 $\gamma_c = 24.6\ kN/m^3$。

2)坝面上的水压力

(1)静水压力。

静水压力可按水利学原理计算,坝面上任一点静水压强 P:

$$P = \gamma_0 y \tag{2-11}$$

式中: γ_0 为水的容重; y 为该点距水面的深度。

将 P 沿坝面积分后,即可求出作用在坝面上的静水压力的合力。当坝面为倾斜时,为计算简便,常将水压力分解为水平水压力 P_1 和垂直水压力 P_2 两部分进行计算。

$$P_1 = \frac{1}{2}\gamma_0 H_1^2 \tag{2-12}$$

$$P_2 = \frac{1}{2}\gamma_0 n H_1^2 \tag{2-13}$$

式中: H_1 为坝前水深, m; n 为上游坝坡系数; γ_0 为水容重,取 $\gamma_0 = 10$ N/kg 。

(2)动水压力。

溢流坝泄流时,下游反弧段 DE 的动水压力,可根据流体的动量方程求得。

若假定反弧段的起始和末端两断面的流速相等,则可求得反弧段上动水压力的总水平分力 P_x 和垂直分力 P_y 的计算公式如下:

$$P_x = \frac{\gamma_0 q v}{g}(\cos\varphi_2 - \cos\varphi_1) \tag{2-14}$$

$$P_y = \frac{\gamma_0 q v}{g}(\sin\varphi_2 + \sin\varphi_1) \tag{2-15}$$

式中: φ_1、φ_2 分别为反弧段上通过圆心竖线两侧的中心角,(°); v 为反弧段上的平均流速, m/s; q 为单宽流量, $m^3/(s\cdot m)$; g 为重力加速度,取 $g = 10\ m/s^2$; γ_0 为水容重,取 $\gamma_0 = 10\ kN/m^3$。

P_x 、P_y 的作用点可以近似地认为作用在圆弧中点。作用在溢流面 BC 段、CD 段的动水压力一般比较小,可忽略不计。

①设计洪水位情况下的反弧段上的平均流速水深 h_c 的确定。

堰上水深：　$H_{堰} = 3.52\ \mathrm{m}$

由能量方程：

$$R(1-\cos\theta) + \nabla_{堰} - \nabla_{鼻} + H = h_c + \frac{q^2}{2g\varphi^2 h_c^2}$$

$$P = 30 \times (1-\cos25°) + 490.61 - 466.00 = 27.42(\mathrm{m})$$

$$\varphi = 1 - 0.0155 \times \frac{27.42}{3.52} = 0.88$$

$$h_c + \frac{27.42^2}{2 \times 9.81 \times 0.88^2 \times h_c^2} = 3.52 + 27.42 = 30.94$$

求得：$h_c = 1.29\ m$，$v_c = \frac{q}{h_c} = \frac{24.86}{1.29} = 19.27(\mathrm{m/s})$。

②校核洪水位情况下的反弧段上的平均流速水深 h_c 的确定。

堰上水深：　$H_{堰} = 4.86\ \mathrm{m}$

由能量方程：

$$R(1-\cos\theta) + \nabla_{堰} - \nabla_{鼻} + H = h_c + \frac{q^2}{2g\varphi^2 h_c^2}$$

$$P = 30 \times (1-\cos25°) + 490.61 - 466.00 = 27.42\ (\mathrm{m})$$

$$\varphi = 1 - 0.0155 \times \frac{27.42}{4.86} = 0.91$$

$$h_c + \frac{27.42^2}{2 \times 9.81 \times 0.91^2 \times h_c^2} = 4.86 + 27.42 = 32.28$$

求得：$h_c = 1.24\ \mathrm{m}$，$v_c = \frac{q}{h_c} = \frac{36.02}{1.24} = 29.05(\mathrm{m/s})$。

3) 扬压力

(1)坝基面扬压力。

对于坝基设有防渗帷幕和排水孔的实体重力坝,在坝踵的扬压力强度为 $\gamma_0 H_1$,在排水孔中心线上的扬压力强度为 $\gamma_0 H_2 + \alpha\gamma_0 H$,下游坝址扬压力强度为 $\gamma_0 H_2$,其间均以直线连接,形成折线形扬压力分布。α 为扬压力折减系数,可根据坝基地质及防渗、排水等具体情况拟定。我国《混凝土重力坝设计规范》(SL 319—2018)建议:河床坝段 $\alpha = 0.2 \sim 0.3$;岸坡坝段 $\alpha = 0.3 \sim 0.4$。本工程取 $\alpha = 0.25$。

(2)坝体内部扬压力(折坡截面)。

坝体混凝土也有一定的渗透性,在水头作用下,库水仍会从上游坝面渗入坝体,并产生渗透压力。为了减小坝内渗透压力,常在坝体上游面附近 3~5 m,提高混凝土防渗性能,形成一定厚度的防渗层,并在防渗层后设坝身排水管。上游坝面扬压力强度为 $\gamma_0 H_1$,在排水管线为 $\gamma_0 H_2' + \alpha\gamma_0(H_1' - H_2')$,在下游面为 $\gamma_0 H_2$,其间仍以直线连接,取 $\alpha = 0.2$。

4) 浪压力

由于影响波浪的因素很多,目前主要根据风速和吹程结合水库所在位置的地形,采用

已建水库长期观测资料所建立的经验公式进行计算。对于库缘地势高峻的山区水库,按官厅水库公式计算:

$$\left.\begin{aligned}2h_{\mathrm{L}} &= 0.0166v_{\mathrm{f}}^{\frac{5}{4}}D^{\frac{1}{3}}\\ 2h_{\mathrm{L}} &= 10.4\times(2h_{\mathrm{L}})^{0.8}\end{aligned}\right\}\tag{2-16}$$

式中:v_{f} 为计算风速,设计情况宜采用洪水期多年平均最大风速 14 m/s 的 1.5 倍,校核情况宜采用洪水期多年平均最大风速;D 为库面吹程,km,是指坝前沿水面至对岸的最大直线距离,可根据水库形状确定,但若库形特别狭长,应以 5 倍平均库面为准。

由于空气的阻力比水的阻力小,波峰在静水面以上的高度大于波谷在静水位以下的深度,所以平均波浪中心线高出静水面 h_0,其值可按下式计算:

$$h_0=\frac{4\pi h_l^2}{2L_l}\operatorname{cth}\frac{\pi H_1}{H}\tag{2-17}$$

本工程属于深水波,求得 $2L_{\mathrm{L}}$、$2h_{\mathrm{c}}$ 和 h_0 等波浪要素后,浪压力 P_L 便可按下式计算:

$$P_L=\frac{\gamma_0(L_{\mathrm{L}}+2h_{\mathrm{c}}+h_0)L_{\mathrm{L}}}{2}-\frac{\gamma_0L_{\mathrm{L}}^2}{2}\tag{2-18}$$

式中:γ_0 为水的容重;L_{L} 为波浪长度的一半;$2h_{\mathrm{c}}$ 为波浪高度;h_0 为波浪中心线超出静水面的高度。

5)泥沙压力

本工程选定采用 30 年作为淤积年限。

要准确计算泥沙压力是比较困难的,一般可参照经验数据,按土压力公式计算:

$$P_{\mathrm{n}}=\frac{1}{2}\gamma_{\mathrm{n}}h_{\mathrm{n}}^2\tan^2(45^\circ-\frac{\varphi_{\mathrm{n}}}{2})\tag{2-19}$$

式中:P_{n} 为泥沙对上游坝面的总水平压力;γ_{n} 为泥沙的浮容重,取 8.5 kN/m³;h_{n} 为泥沙的淤积高度,取 20.62 m;φ_{n} 为泥沙的内摩擦角,取 $\varphi_{\mathrm{n}}=18^\circ$。

当上游坝面倾斜时,除计算水平向泥沙压力外,尚应计算铅直向泥沙压力,即淤沙重。

6)土压力

坝基开挖后,一般还要进行回填,但由于土方量较少,压力小。所以本工程中,不计算土压力。

7)地震荷载

设计烈度在Ⅵ度以下的可不进行抗震设计,而在Ⅸ度以上则应进行专门研究。本工程的地震基本烈度为Ⅵ度,所以不用进行抗震设计。

2.荷载组合

作用在坝上的荷载,按其性质可分为基本荷载和特殊荷载两种。

荷载组合情况分为两大类:一类是基本组合,指水库处于正常运用情况下可能发生的荷载组合,又称设计情况,由基本荷载组成;另一类是特殊组合,指水库处于非常运用情况下的荷载组合,又称校核情况,由基本荷载和一种或几种特殊荷载组成。

本工程采用的荷载组合见表 2-18。

2.4.8.2　稳定分析

工程实践和试验研究表明,岩基上混凝土重力坝的失稳破坏可能有两种类型:一种是坝体沿抗剪能力不足的薄弱层面产生滑动,包括沿坝与基岩接触面的滑动及沿坝基岩体内连续软弱结构面产生的深层滑动;另一种是在荷载作用下,上游坝踵以下岩体受拉产生倾斜裂缝及下游坝趾岩体受压发生压碎而引起倾斜破坏。

表 2-18　荷载组合

荷载组合	主要考虑情况	荷载							
		自重	静水压力	泥沙压力	扬压力	浪压力	地震荷载	动水压力	土压力
基本组合	设计洪水位情况	1	2	3	4	5	—	6	—
	正常蓄水位情况	1	2	3	4	5		6	
特殊组合	校核洪水位情况	1	2	3	4	5	—	6	—

在一般情况下只进行抗滑稳定分析。本工程也只进行抗滑稳定分析。

1. 沿坝基面的抗滑稳定

1)抗滑稳定计算公式

目前常用的有两种公式。

(1)摩擦公式。

此法的基本观点是把滑动面看成是一种接触面,而不是胶结面。滑动面上的阻滑力只计摩擦力,不计凝聚力。

当滑动面为水平面时,其抗滑稳定安全系数 K 可按下式计算:

$$K = \frac{\text{阻滑力}}{\text{滑动力}} = \frac{f\sum W}{\sum P} \tag{2-20}$$

式中:$\sum W$ 为作用于滑动面以上的力在铅直方向投影的代数和;$\sum P$ 为作用于滑动面上的力在水平方向投影的代数和;f 为滑动面上的抗剪摩擦系数;K 为按摩擦公式计算的抗滑稳定安全系数,按表 2-19 采用。

当滑动面为倾向上游的倾斜面时,计算公式为:

$$K = \frac{f\sum W\cos\alpha + \sum P\sin\alpha}{\sum P\cos\alpha - \sum W\sin\alpha} \tag{2-21}$$

式中:α 为滑动面与水平面的夹角。

(2)抗剪断强度公式。

此法认为,坝与基岩胶结良好,滑动面上的阻滑力包括摩擦力和黏聚力,并直接通过胶结面的抗剪断试验确定抗剪强度的参数 f' 和 C'。其抗滑稳定安全系数由下式计算:

$$K' = \frac{f'\sum W + C'A}{\sum P} \tag{2-22}$$

式中：f' 为坝体与坝基连接面的抗剪断摩擦系数；c' 为坝体与坝基连接面的抗剪断凝聚力；A 为坝体与坝基连接面的面积；K' 为按抗剪断公式计算的抗滑稳定安全系数，按表 2-19 采用。

表 2-19　抗滑稳定安全系数 K、K'

安全系数	荷载组合	坝的级别		
		1	2	3
K	基本组合	1.10	1.05	1.05
	特殊组合(1)	1.05	1.00	1.00
	特殊组合(2)	1.00	1.00	1.00
K'	基本组合	3.0		
	特殊组合(1)	2.5		
	特殊组合(2)	2.3		

抗剪断强度公式考虑了坝体与基岩的胶结作用，计入了摩擦力和黏聚力，是比较符合坝的实际工作状态，所以本工程抗滑稳定计算时采用抗剪断强度公式验算。

2）计算参数的确定

抗剪断摩擦系数 f'、黏聚力 c' 和抗剪摩擦系数 f 的确定，本阶段根据本阶段地质勘察成果建议值表来选取，取 $f' = 0.7$，$c' = 0.6$ MPa。

3）计算结果

根据以上原理，非溢流坝段和溢流坝段大坝断面稳定计算成果分别见表 2-20、表 2-21。

表 2-20　非溢流坝段大坝断面稳定计算成果汇总

荷载组合	计算工况	$(f'\sum W+c'A)$/kN	$\sum P$/kN	抗剪断安全系数	抗剪断安全系数相关规范要求
基本组合	正常蓄水位	49 318.30	13 620.68	3.5	3.0
	设计洪水位	48 483.88	15 656.22	3.1	3.0
特殊组合	校核洪水位	48 382.87	16 194.55	2.9	2.5

由表 2-20 计算结果可见非溢流坝段大坝稳定满足相关规范要求。

表 2-21　溢流坝段大坝断面稳定计算成果汇总

	计算工况	$(f'\sum W+c'A)$/kN	$\sum P$/kN	抗剪断安全系数	抗剪断安全系数相关规范要求
基本组合	正常蓄水位	47 722.81	12 099.87	3.94	3.0
	设计洪水位	41 721.38	14 280.69	3.11	3.0
特殊组合	校核洪水位	41 764.01	15 063.24	2.77	2.5

由表 2-21 计算结果可见溢流坝段大坝稳定满足相关规范要求。

2. 斜坡坝段的抗滑稳定

斜坡坝段抗滑稳定计算原理及计算参数同上,经计算,大坝左、右岸斜坡段计算结果见表 2-22 ~ 表 2-24。

表 2-22 大坝左岸斜坡段(桩号 0+000 ~ 0+016.5)稳定计算成果汇总

荷载组合	计算工况	$(f'\Sigma W+c'A)$/kN	$\sum P$/kN	抗剪断安全系数	抗剪断安全系数相关规范要求
基本组合	正常蓄水位	36 036.94	2 394.19	10.57	3.0
	设计洪水位	34 344.99	2 899.14	8.32	3.0
特殊组合	校核洪水位	33 872.66	3 428.70	6.94	2.5

表 2-23 大坝左岸斜坡段(桩号 0+016.5 ~ 0+045)稳定计算成果汇总

荷载组合	计算工况	$(f'\Sigma W+c'A)$/kN	$\sum P$/kN	抗剪断安全系数	抗剪断安全系数相关规范要求
基本组合	正常蓄水位	446 743.73	61 088.80	5.13	3.0
	设计洪水位	486 761.24	81 451.82	4.19	3.0
特殊组合	校核洪水位	484 905.08	85 515.24	3.98	2.5

表 2-24 大坝右岸斜坡段(桩号 0+114 ~ 0+146)稳定计算成果汇总

荷载组合	计算工况	$(f'\Sigma W+c'A)$/kN	$\sum P$/kN	抗剪断安全系数	抗剪断安全系数相关规范要求
基本组合	正常蓄水位	510 229.23	67 264.65	5.32	3.0
	设计洪水位	489 632.61	89 481.53	3.84	3.0
特殊组合	校核洪水位	487 488.92	93 931.23	3.64	2.5

3. 提高抗滑稳定性的工程措施

从上述抗滑稳定分析可以看出,要提高重力坝的稳定性关键在于增加抗滑力。工程上常采用如下一些措施:

(1)将坝的上游面做成倾斜或折坡形,利用坝面上的水重来增加抗滑稳定性,但倾斜坡度不宜过大,以防止上游坝面出现拉应力。

(2)将坝基面开挖成倾向上游的斜面,借以增加抗滑力提高稳定性。若基岩较为坚硬,也可将坝基面开挖成若干段倾向上游的斜面,形成锯齿状,以提高坝基面的抗剪断能力。

(3)利用地形、地质特点,在坝踵或坝趾设置深入基岩的齿墙,用以增加抗力提高稳定性。

(4)采用有效的防渗排水或抽水措施,降低扬压力。

思考题

1. 简述地基土的物理性质和地基土的分类情况。
2. 湖体的开挖设计原则有哪些?
3. 提高重力坝的稳定性关键在于增加抗滑力,工程上常采用哪些措施来增加抗滑力?
4. 地貌的分类都有哪些?
5. 什么是水位库容曲线? 请简要概述。

第 3 章　低水头建筑物工程

3.1　案例 1:液压坝工程

以第 1 章平舆项目中小清河液压坝为例。

3.1.1　建筑物工程地质条件及评价

地质结构、各岩土层物理力学性质、水文地质条件、工程地质评价见第 2 章。

3.1.2　河道建筑物工程

根据工程总体布局及其在城市中的功能定位,生态河道的主要功能为防洪排涝、生态修复、环境供水和环境改善等。确定河道正常利用水位,需统筹考虑两岸地面高程和规划河道建筑物类型及建基面高程,同时尽量使正常水位满足亲水活动需要,以及鱼类、水生植物生长要求。

在各级挡水建筑物之间,坝(闸)前水位壅高,为深水区;坝(闸)后水位降低,为浅水区。在形成较大面积的连续水面的基础上,将深水区、浅水区结合布置,既满足了鱼类越冬时对水深的要求,又便于人们在浅水区游玩,提高了亲水娱乐的安全系数。

由于小清河各支流河道均较浅、较窄,为了能够在河道内形成较大的景观水面,维持景观常水位,同时兼顾河道的防洪排涝功能,城区内河道采用综合性能更为优异的新型闸坝——液压升降坝(简称液压坝)作为拦蓄建筑物。

液压升降坝可通过人工操作液压系统快速有效地控制闸门的升降,可靠性高;也可远程全自动控制,实现无人管理。根据洪水涨落,实现活动坝面的自动升降,升降时间短。漂浮物对液压升降坝不存在损伤或卡塞,而且可以通过稍微降坝,方便排除漂浮脏污。坝顶溢流,无阻拦,可实现瀑布景观,运行管理方便,运行成本较低。

同时,工程中设置多处跌水堰,跌水堰是指使上游河道水流自由跌落到下游渠道的落差构筑物,跌水堰的设计原则是尊重地形地貌。跌水堰的水土保持效益显著,可为微生物提供良好的栖息环境,增加水体溶解氧便于微生物的生长繁殖,能蓄积水面、降低水的流速及沉淀污染杂质,为沉水植物提供生长环境,为富氧曝气和微生物激活提供条件及形成很好的景观效果。此外,通过跌水曝气可将 COD 降解 10%以上,每个跌水堰的氨氮消减率为 1.5%。跌水堰的设计避免了污泥淤积,可对河流的固体污染物进行有效拦截过滤,具有良好的控制水冲蚀的作用。

本工程中共设置 9 座液压坝、1 座进水闸、2 道景观拦水堰、5 道跌水。河道各挡水建筑物类型及水位参数见表 3-1~表 3-3。

表3-1　拦水堰工程控制参数

序号	桩号	C20混凝土铺盖段/m	堰高 H/m	堰身段/m	跌水段/m	消力池/m	海漫段/m	上游河底高程/m	说明
1	中央生态绿谷(草河南)0+050	10	2.5	3.5	2	5	5	40	堰后3 m跌水
2	中央生态绿谷(草河北)1+800	10	2.2	3.1	2	5	5	39.5	堰后2.2 m跌水

表3-2　跌水工程控制参数

序号	桩号	C20混凝土铺盖段/m	堰高 H/m	堰身段/m	跌水段/m	消力池/m	海漫段/m	上游河底高程/m	说明
1	二干退水渠9+650	10	1	2.68	2	5	5	39	堰后1.5 m跌水
2	二干退水渠9+850	10	1	2.68	2	5	5	38	堰后1.5 m跌水
3	二干退水渠10+000	10	1	2.68	2	5	5	37	堰后1.5 m跌水
4	七里河0+050	10	1	2.5	2	5	5	36	堰后1 m跌水
5	七里河0+350	10	1	2.68	2	5	5	37	堰后1.5 m跌水

表 3-3　河道闸坝建筑物参数

序号	河道名称	类型	桩号	设计河底高程/m	常水位/m	校核洪水位/m	挡水长度/m	挡水高度/m
1	小清河(上游)	液压坝	—	38.6	42.5	42.97	24.0	3.9
2	柳港	液压坝	—	41.8	44.0	44.50	18.0	2.2
3	郭楼港	液压坝	2+600	38.5	41.5	42.18	36.5	3.0
4	张路庄港	液压坝	3+500	40.0	41.7	42.15	22.95	1.7
5	北环渠	液压坝	0+100	40.0	42.0	42.18	22.0	2.0
6	二干退水渠	液压坝	9+100	40.0	42.0	41.77	24.0	2.0
7	天水湖退水渠	液压坝	—	40.5	42.0	—	21.5	1.5
8	中央生态绿谷(草河北)	进水闸	—	40.13	41.7	42.15	—	—
9	七里河	液压坝	0+750	37.5	40.0	41.61	42.0	2.5
10	七里河	液压坝	2+850	39.5	42.0	41.87	42.0	2.5

3.1.3　工程等别和标准

依据《水利水电工程等级划分及洪水标准》(SL 252—2017)、《水闸设计规范》(SL 265—2016)、《防洪标准》(GB 50201—2014)和《堤防工程设计规范》(GB 50286—2013)等有关规范规定,并结合所在河道堤防级别综合确定拦蓄水建筑物的级别,见表 3-4。

表 3-4　拦蓄水建筑物级别划分

水闸名称	所在河道	堤防级别	桩号	设计防洪标准	设计河底高程/m	建筑物级别
小清河液压坝	小清河	2	—	50 年一遇	38.30	2
柳港液压坝	柳港	4	—	20 年一遇	41.50	4
中央生态绿谷进水闸	张路庄港	4	3+050	20 年一遇	40.13	4
郭楼港液压坝	郭楼港	4	2+600	20 年一遇	38.50	4
张路庄液压坝	张路庄港	4	3+500	20 年一遇	40.00	4
北环渠液压坝	北环渠	4	0+100	20 年一遇	40.00	4
二干退水渠液压坝	二干退水渠	4	9+100	20 年一遇	40.00	4
天水湖退水渠液压坝	天水湖退水渠	4	2+050	—	40.50	4
七里河 1#液压坝	七里河	4	0+750	20 年一遇	37.50	4
七里河 2#液压坝	七里河	4	2+850	20 年一遇	39.50	4

3.1.4　建筑物选址

本次水环境治理和生态修复工程治理段位于平舆县城区，均属于小清河流域。小清河及其支流构成平舆县城主要水系。

此次治理工程既要满足行洪排涝任务，又要兼顾景观蓄水要求。景观蓄水建筑物采用溢流堰，考虑到还需要满足暴雨期过流要求，即北环渠等8条河(渠)有行洪排涝要求，初步确定采用拦河坝形式。根据本次总体规划，新建1座水闸、9座液压坝、2座拦水堰、5座跌水，新建桥梁7座，新修涵洞17座。

3.1.4.1　拦河坝选址

拦蓄水建筑物位置应根据建筑物的特点和运用要求，综合考虑地形、地质、水流、泥沙含量、施工和管理等诸方面因素确定，选址遵循原则如下：

(1)应尽可能选择在土质均匀密实、压缩性小的天然地基上，避免采用人工处理地基。

(2)工程位置应确保进出拦蓄水建筑物水流比较均匀和平顺，应尽量留有较好的顺直河段。

(3)选址附近应具有较好的施工导流条件，并要求有足够宽阔的施工场地和有利的交通运输条件，还应考虑建筑物建成后便于管理运用和防汛抢险。

(4)尽可能选择在河床稳定、河岸稳固的河段上。

(5)选址不得影响周边雨水的正常排放。

(6)选址要根据水闸的功用合理布置，且满足周边的景观要求。

3.1.4.2　拦蓄水建筑物选址

根据本工程总体设计思路，为满足平舆县水系的生态景观需要，本工程共计设置9座拦蓄水建筑物。

按照上述选址原则，结合本次设计范围内各条河流和生态湖泊的景观蓄水量和循环要求，河道景观水深按照1.0~2.0 m控制，综合考虑地形、地质、水流、施工、管理、周围环境等因素，共设置9座拦蓄水建筑物，选址如下：

(1)郭楼港液压坝：郭楼港入小清河前约200 m处，桩号为2+600；

(2)北环渠液压坝：北环渠入小清河前约100 m处，桩号为0+100；

(3)二干退水渠液压坝：二干退水渠入七里河前约950 m处，桩号为9+100；

(4)张路庄液压坝：张路庄港与中央生态绿谷汇合口下游约350 m处，桩号为3+500；

(5)天水湖退水渠液压坝：天水湖退水渠起点处，桩号为2+050；

(6)七里河1#液压坝：七里河入小清河前750 m处，桩号为0+750；

(7)七里河2#液压坝：七里河入小清河前2 850 m处，桩号为2+850；

(8)柳港液压坝：柳港与三干渠汇合口下游50 m处；

(9)小清河液压坝：北郊调蓄湖水源工程取水口处。

本次工程设计的9座拦蓄水建筑物位置见表3-5。

表 3-5 拦河坝参数

序号	所在河道	位置	桩号	高度/m
郭楼港液压坝	郭楼港	小清河前约 200 m 处	2+600	3.0
北环渠液压坝	北环渠	入小清河前约 100 m 处	0+100	2.0
二干退水渠液压坝	二干退水渠	入七里河前约 950 m 处	9+100	2.0
张路庄液压坝	张路庄港	与中央生态绿谷汇合口下游约 350 m 处	3+500	1.7
天水湖退水渠液压坝	天水湖退水渠	退水渠起点	2+050	1.5
七里河 1#液压坝	七里河	小清河前约 750 m 处	0+750	2.5
七里河 2#液压坝	七里河	入小清河前约 2 850 m 处	2+850	2.5
柳港液压坝	柳港	与三干渠汇合口下游约 50 m 处	—	2.5
小清河液压坝	小清河	北郊调蓄湖水源工程取水口处	—	3.9

3.1.5 河道建筑物工程

为了方便泄洪,满足河道常水位要求,计划在治理段上设控制拦河坝 9 座。拦蓄水建筑物的形式对工程的投资、景观效果、运行管理都有着重要的影响。本次重点针对 4 种国内常用的拦蓄水建筑物进行比选:液压升降坝、橡胶坝、自动翻板闸和拦水堰。

3.1.5.1 液压升降坝

液压升降坝是采用一排液压缸直顶活动拦水坝面背部,实现升坝拦水、降坝行洪的目的。采用一排滑动支撑杆支撑活动坝面的背面,构成稳定的支撑墩坝;采用联动钢铰线带动定位销,形成支撑墩坝固定和活动的相互交换,达到固定拦水、活动降坝的目的;更可采用浮标开关操作液压系统,根据洪水涨落控制活动坝面的自动升降,实现自动化管理。

以下为其工作特点:

(1)液压升降坝坝体跨度大,结构简单,支撑可靠,易于建造。

(2)液压升降坝液压系统操作灵活,可采用浮标开关控制,实现自动化操作。

(3)液压升降坝可畅泄洪水、泥沙、卵石、漂浮物而不阻水,过流能力强,泄量大。

(4)液压升降坝施工简单,施工工期短。

(5)液压升降坝属于低水头挡水建筑物,广泛应用于城市河流梯级开发,易形成宽阔的水面及瀑布景观,可有效改善生态环境,增加城市绚烂风光。

(6)液压升降坝整体使用寿命可在 40 年以上。

3.1.5.2 橡胶坝

橡胶坝是用高强合成纤维织物作受力骨架,内外涂敷合成橡胶作黏结保护层加工成胶布,按要求的尺寸锚固在基础底板上,用水或气的压力充胀起来形成挡水坝。不需要挡水时,泄空坝内的水或气,恢复原有河渠的过流断面。橡胶坝适用于低水头、大跨度的闸坝工程,已被广泛用于灌溉、发电、防洪、城市景观、美化等工程。如用于河道上作为低水头、大跨度的滚水坝或溢流堰,可以不用常规闸的启闭机、工作桥等。用于渠系上作为进水闸、分水闸、节制闸,能够方便地蓄水和调节水位和流量。

以下为其工作特点:

(1)橡胶坝高度可升可降,并且可从坝顶溢流,可保持河道清洁,节省劳力并缩短工期。

(2)橡胶坝用于城区园林工程时,可采用彩色坝袋,造型优美,线条流畅,可为城市建设增添一道优美的风景。

(3)橡胶坝一般由基础、上建结构、坝袋和控制系统等部分组成。基础一般有垫层法、强力夯实法、振动水冲法和桩基础;上建结构包括底板、岸墙、消力池(护坦)、锚固槽、铺盖、海漫、护坡埋设螺栓等;坝袋由承受坝袋张力的骨架材料和确保气密性的橡胶层构成。

(4)橡胶坝整体使用寿命可在20年以上。

3.1.5.3 自动翻板闸

自动翻板闸宜用于城市防洪、环境美化、灌溉、发电、供电和旅游等行业,其适用于中、小型河道上游调节水位,特别适合在洪水暴涨暴落,供电、交通不便的山溪性河道上建造。其功能是作为“活动”挡水建筑物取代固定堰或降低溢流堰顶的高度,有效调节库容,从而减少坝上洪水淹没损失和泥沙淤积。自动翻板闸具有实用性广泛、结构简单、造价低廉、便于管理、运行维护费用低、方便可靠、经济效益高等显著的优点,为水资源的综合利用开辟了广阔的前景。

以下为其工作特点:

(1)原理独特、作用微妙、结构简单、制造方便、运行安全。

(2)施工简便、造价合理,投资仅为常规闸门的1/2左右。

(3)自动启闭,自控水位准确,运行时稳定性良好。

(4)门体为预制钢筋混凝土结构,仅支承部分为金属结构,维修方便,费用低。

(5)上游水位稳定,关门后河道水位即与门顶齐平。在运转设计有效范围内,最高运转水位不大于门高的10%~12%。

(6)由于能准确自动调控水位,在合理使用和利用水资源方面有其独到之处。自动翻板闸根据闸前水位自动开启和关闭闸门,无须人为控制,运行方便。

(7)自动翻板闸整体使用寿命可在30年以上。

3.1.5.4 拦水堰

拦水堰为修建在河道和渠道上利用闸门控制流量和调节水位的低水头水工建筑物。

以下为其工作特点:

(1)拦蓄蓄水量较小,不能自由调整水面,景观效果较差。

(2)施工简便、造价较低。

(3)不能翻转、不可以占用行洪断面,但运行时稳定性良好。

(4)一般为浆砌石或钢筋混凝土结构,就地施工,一次成型,无须维修,无须人为控制,运行管理费用低。

(5)由于不能翻转,易被淤泥杂物阻塞影响景观效果。

(6)拦水堰整体使用寿命可在50年以上。

3.1.5.5 坝型比较

坝型从工作原理、安全性能、制造安装、维护管理、过流景观效果、使用寿命、应用范围、工程投资等方面进行比较,见表3-6。

表3-6 拦蓄水建筑物方案对比

类别	方案一:液压升降坝	方案二:橡胶坝	方案三:自动翻板闸	方案四:拦水堰
工作原理	液压启闭机直接放在河道内推动闸门起伏	通过对橡胶充气或充水达到阻水目的	依靠水力翻转	依靠建筑固定高度控制水位
安全性能	断电时不能操作及电源动力故障、液压驱动存在卡死点时不能正常倒伏	尖锐物易破坏橡胶坝引起水位突然下泄,以及其不能完全倒伏影响泄洪安全	淤泥石块卡阻不能翻转、自身和中间闸墩阻水影响安全泄洪;没有前期征兆翻转而造成下游安全隐患	淤泥杂物阻塞影响景观效果
制造安装	液压设备制造周期偏长,安装需要大中型起重设备	制造安装周期长	闸门制造和安装周期较长,安装时需要大中型起重设备	现场施工,施工周期长,外观质量不易控制
维护管理	液压设备维护麻烦,耗电量偏大	需经常清理杂物以防被破坏,后期出现破损维修比较麻烦	需要清淤以保证能正常翻转	需要清淤以保证使用效果
过流景观效果	较好	好	较差	较好
使用寿命	40年以上	20年左右	30年以上	50年以上
应用范围	常用于河道	常用于河道	常用于河道	常用于河道景观蓄水,不能翻转,不可以占用行洪断面
工程投资/万元	188	137	172	35

从工作原理上比较:4种拦蓄水建筑物中,液压升降闸、橡胶坝及自动翻板闸均能满足河道蓄水及泄洪要求,但自动翻板闸存在不能翻板泄洪的风险;由于治理河道属平原区河道,河道上下游落差小,拦水堰如布置在设计河底,不能满足排涝安全要求。

从安全性能上比较:液压升降坝较安全,橡胶坝有被尖锐物破坏的隐患,自动翻板闸有不能自翻的隐患,拦水堰不能满足泄洪要求。

从制造安装上比较:4种拦蓄水建筑物均能满足要求。

从维护管理上比较:拦水堰、自动翻板闸较方便。

从过流景观效果比较:液压升降坝及橡胶坝瀑布景观效果较好。

从使用寿命比较:拦水堰、液压升降坝使用寿命较好。

从应用范围比较:均能应用于本工程。

从工程投资比较:拦水堰、橡胶坝投资较小。

经综合分析比较各种拦蓄水建筑物的优缺点,结合本次工程实际情况,对有行洪要求的主河槽拦蓄水建筑物形式拟采用液压升降坝,无行洪要求的河道拟采用拦水堰。

3.1.6　液压坝工程布置

3.1.6.1　液压坝布置

结合河道现状地形,仅在主河槽设置拦河坝,闸门形式均采用液压升降坝。

液压坝工程主要由闸室、铺盖、消力池、海漫、上下游翼墙、液压升降坝系统等组成。

郭楼港液压坝、张路庄液压坝、北环渠液压坝、二干退水渠液压坝、天水湖退水渠液压坝、七里河1#液压坝和七里河2#液压坝坝身段顺水流方向长7~10 m,底板采用钢筋混凝土结构,底板厚度为1.4~1.5 m,挡水高度为1.5~3.0 m,底板宽度为21.5~42.0 m。

上游统一采用长7 m、厚0.5 m混凝土铺盖,下游设置长10 m、厚0.5 m钢筋混凝土消力池,池深0.5 m,在消力池设置排水孔,海漫拟采用长10 m浆砌石防护,抛石槽深度为1.5 m。

3.1.6.2　柳港液压坝

柳港液压坝位于三干渠与柳港汇合口下游50 m处,河道现状为梯形断面,河底宽16 m,两岸边坡坡比为1:2,河底高程为41.50 m,设计防洪标准为20年一遇,洪峰流量为80.9 m^3/s,对应洪水位为43.5 m。

液压坝高2.2 m,坝长18 m,顺水流方向由上游连接段、铺盖段、控制段、陡坡段、消力池段和海漫段6部分组成,全长54.2 m。

(1)上游连接段:长10 m,底宽由16 m渐变至18 m,底板采用M7.5浆砌石,厚0.5 m,设计底板高程为41.50 m,两岸边坡采用M7.5浆砌石防护,厚0.3 m,防护高度4.0 m,边坡设置ϕ50 PVC排水管,顺水流方向间距2 m,垂直水流方向间距1.5 m,呈梅花状交错排列。边坡与铺盖段直墙采用C25钢筋混凝土扶壁式圆弧翼连接,圆弧半径4 m,墙高4.0 m。

(2)铺盖段:长12 m,底宽18 m,底板采用C25钢筋混凝土,厚0.5 m,下设C15混凝土垫层,厚0.1 m;底板分缝:垂直水流方向每6 m设置一道,伸缩缝采用低发泡沫板填充,宽20 mm,并设橡胶止水;设计底板高程41.50 m。两岸为C25钢筋混凝土扶壁式挡土墙,墙高4.0 m,墙顶宽0.3 m,背坡坡比为1:0.06,基础宽3.6 m,基础厚0.5 m,下设0.1 m厚C15混凝土垫层。

(3)控制段:长9 m,闸底板宽度18 m,底板高程41.80 m,底板为C25钢筋混凝土,厚

1.7 m,下设0.1 m厚C15混凝土垫层和0.5 m厚级配碎石;液压升降坝高度2.2 m,一联6 m,共3联,闸长18 m,两岸为C25钢筋混凝土扶壁式挡土墙,墙高4.0 m,墙顶宽0.3 m,背坡坡比为1:0.06,基础宽2.8 m,基础厚0.5 m,下设0.1 m厚C15混凝土垫层。

(4)陡坡段:长3.2 m,坡比1:4,跌差0.8 m。底宽18 m,底板采用C25钢筋混凝土,厚0.5 m,下设0.1 m厚C15混凝土垫层;底板分缝:垂直水流方向每6 m设置一道,伸缩缝采用低发泡沫板填充,宽20 mm,并设橡胶止水。

(5)消力池段:池长10 m,池深0.5 m,消力池底板为现浇C25钢筋混凝土,厚度0.5 m,下面分层铺设砂石反滤料厚0.2 m、土工反滤布(250 g/m^2),底板设ϕ80PVC排水孔,纵横间距1.5 m,梅花状排列;边墙为C25钢筋混凝土扶壁式挡土墙,墙高4.5 m,墙宽0.3 m,背坡坡比为1:0.06,基础宽4.4 m,基础厚0.5 m。底板高程41.00 m。

(6)海漫段:长10 m,底宽18 m渐变至16 m,底板采用M7.5浆砌石护砌,厚0.5 m,两岸采用C25钢筋混凝土扶壁式圆弧翼与下游边坡连接,圆弧半径4 m,墙高4 m。底板高程41.50 m。河道边坡采用M7.5浆砌石防护,边坡1:2,护砌高度4.0 m,护砌厚度0.3 m。

3.1.6.3 小清河液压坝

小清河液压坝位于北郊调蓄湖水源工程取水口处,河道现状为梯形断面,河底宽20 m,两岸边坡坡比为1:2,河底高程为38.30 m,设计防洪标准为50年一遇,洪峰流量为189.3 m^3/s,对应洪水位为42.97 m。

液压坝高3.9 m,坝长24 m,顺水流方向由上游连接段、铺盖段、控制段、陡坡段、消力池段和海漫段6部分组成,全长68.4 m。

(1)上游连接段:长10 m,底宽由20 m渐变至24 m,底板采用M7.5浆砌石,厚0.5 m,设计底板高程为38.30 m,两岸边坡采用M7.5浆砌石防护,厚0.3 m,防护高度5.2 m,边坡设置ϕ50 PVC排水管,顺水流方向间距2 m,垂直水流方向间距1.5 m,呈梅花状交错排列。边坡与铺盖段直墙采用C25钢筋混凝土扶壁式圆弧翼连接,圆弧半径6 m,墙高5.2 m。

(2)铺盖段:长20 m,底宽24 m,底板采用C25钢筋混凝土,厚0.5 m,下设C15混凝土垫层,厚0.1 m;底板分缝:顺水流方向每10 m设置一道,垂直水流方向每8 m设置一道,伸缩缝采用低发泡沫板填充,宽20 mm,并设橡胶止水;设计底板高程38.30 m。两岸为C25钢筋混凝土扶壁式挡土墙,墙高5.2 m,墙顶宽0.3 m,背坡坡比为1:0.06,基础宽7.5 m,基础厚0.5 m,下设0.1 m厚C15混凝土垫层。

(3)控制段:长11 m,闸底板宽度24 m,底板高程38.60 m,底板为C25钢筋混凝土,厚2.2 m,下设0.1 m厚C15混凝土垫层和0.5 m厚级配碎石;液压升降坝高度3.9 m,一联6 m,共4联,闸长24 m,两岸为C25钢筋混凝土扶壁式挡土墙,墙高5.2 m,墙顶宽0.3 m,背坡坡比为1:0.06,基础宽6.0 m,基础厚0.5 m,下设0.1 m厚C15混凝土垫层。

(4)陡坡段:长2.4 m,坡比1:4,跌差1.0 m。底宽24 m,底板采用C25钢筋混凝土,厚0.5 m,下设0.1 m厚C15混凝土垫层;底板分缝:垂直水流方向每8 m设置一道,伸缩缝采用低发泡沫板填充,宽20 mm,并设橡胶止水。

(5)消力池段:池长15 m,池深0.7 m,消力池底板为现浇C25钢筋混凝土,厚度0.5

m,下面分层铺设砂石反滤料厚0.2 m、土工反滤布($250\ g/m^2$),底板设ϕ80 PVC排水孔,纵横间距1.5 m,梅花状排列;边墙为C25钢筋混凝土扶壁式挡土墙,墙高5.9 m,墙宽0.3 m,背坡坡比为1∶0.06,基础宽7.5 m,基础厚0.5 m。底板高程37.60 m。

(6)海漫段:长10 m,底宽24 m渐变至20 mm,底板采用M7.5浆砌石护砌,厚0.5 m,两岸采用C25钢筋混凝土扶壁式圆弧翼与下游边坡连接,圆弧半径6 m,墙高5.2 m。底板高程38.30 m。河道边坡采用M7.5浆砌石防护,边坡1∶2,护砌高度5.2 m,护砌厚度0.3 m。

3.1.7　液压坝工程设计

本次水环境治理和生态修复工程治理段位于平舆县城区,均属于小清河流域。小清河及其支流构成平舆县城主要水系。

此次治理工程既要满足行洪排涝任务,又要兼顾景观蓄水要求。景观蓄水建筑物采用溢流堰,考虑到还需要满足暴雨期的过流要求,即郭楼港、张路庄港、二干退水渠、七里河、北环渠、柳港、小清河、天水湖退水渠等8条河(渠)的行洪排涝要求,采用拦河坝形式。本次工程共设置9座液压坝,地质情况和结构形式基本一致。本次以防洪标准最高、坝高最高的小清河液压坝为例详述设计计算过程。

3.1.7.1　过流能力计算

根据液压升降坝在运行时的工作情况,其过流可分为以下几种方式:①液压升降坝立坝挡水时上游水头超过坝顶,水流从坝顶过流;②液压升降坝局部坝段部分开启,从开启坝扇与挡水坝扇间的局部出流;③在洪水期或需大流量放水时的塌坝过流。

1. 坝顶溢流

小清河液压坝坝高3.9 m,上游正常挡水位为42.5 m,下游正常挡水位为39.0 m,坝上和坝下设计河底高程均为38.3 m。

液压升降坝坝顶溢流属于薄壁堰出流,堰流流量计算公式为:

$$Q = m_0 \varepsilon \sigma B \sqrt{2g} H^{3/2} \tag{3-1}$$

式中:H为坝前堰上水头;B为溢流宽度,小清河液压坝$B=24$ m;ε为堰流侧收缩系数,该拦河坝无侧收缩,取1.0;σ为堰流淹没系数,坝顶过流时为自由出流,取1.0;m_0为包括行近流速影响的薄壁堰流量系数,可采用Rehbock公式计算,Rehbock公式的适用条件为:$H \geqslant 0.025$ m,$H/P \leqslant 2$。

$$m_0 = 0.4034 + 0.0534 \frac{H}{P} + \frac{0.0007}{H} \tag{3-2}$$

式中:P为薄壁堰堰高,m;H为堰上水头,m。

液压升降坝在坝顶出流时,坝下可发生远离水跃、临界水跃和淹没水跃3种不同形式水跃。坝下发生远离水跃和临界水跃时,坝下游水位不影响坝的泄流量。当下游发生淹没水跃时,坝下水位仍不影响泄流量。除非下游水位超过坝顶,液压升降坝的坝下水位一般不影响泄流量。当下游水位超过坝顶时,在正常工况下液压升降坝坝面已放平,液压升降坝已属于塌坝过流,基本和河道过流类似。坝顶溢流能力计算见表3-7。

表 3-7　小清河液压坝坝顶溢流能力计算

堰上水头 H/m	闸前水位 h/m	堰高 P/m	溢流宽度 B/m	流量系数 m_0	过闸流量 Q/(m^3/s)
0. 1	42. 6	3. 9	24. 0	0. 411	1. 38
0. 2	42. 7	3. 9	24. 0	0. 409	3. 89
0. 3	42. 8	3. 9	24. 0	0. 409	7. 15
0. 4	42. 9	3. 9	24. 0	0. 410	11. 03
0. 5	43. 0	3. 9	24. 0	0. 411	15. 45

2. 塌坝过流

由于液压坝拦河坝修建在主河槽内,液压坝塌坝过流时坝面会贴近河床,这与原河道过流工况类似,且坝宽比河底宽 2~4 m,塌坝时相比建坝前不缩窄河道过流断面,对河道过流能力的影响极小,不会降低所在河段的防洪标准。

3. 1. 7. 2　消能防冲计算

本次消能防冲采用《水闸设计规范》(SL 265—2016)附录 B 方法进行计算,计算按最不利工况:堰上水头 0. 5 m、下游无水、突然塌坝,跌流后将产生水跃,按底流消能计算消力池深度及长度。上游水位为 42. 90 m,下游无水,单宽流量 0. 98 m^3/(s · m)。

1. 池深计算

$$d = \sigma h''_c - h'_s - \Delta Z \tag{3-3}$$

$$h''_c = \frac{h_c}{2}\left(\sqrt{1+\frac{8\alpha q^2}{g h_c^3}}-1\right)\left(\frac{b_1}{b_2}\right)^{0.25} \tag{3-4}$$

$$h_c^3 - T_0 h_c^2 + \frac{\alpha q^2}{2g\varphi^2} = 0 \tag{3-5}$$

$$\Delta Z = \frac{a q^2}{2g\varphi^2 h'^2_s} - \frac{a q^2}{2g h''^2_c} \tag{3-6}$$

式中:d 为消力池深度; σ_0 为水跃淹没系数,可采用 1. 05~1. 10,计算中取 1. 10;h''_c为跃后水深;h_c 为收缩水深; α 为水流动能校正系数,取 1. 0;q 为过闸单宽流量;b_1 为消力池首端宽度;b_2 为消力池末端宽度;T_0 为由消力池底板算起的总势能; ΔZ 为出池落差; h'_s 为出池河床水深。

经计算,消力池深度为 0. 58 m,本次设计消力池深度采用 0. 7 m。

2. 池长计算

消力池分别为 13. 89 m,故消力池长度采用 15. 0 m。

3. 消力池底板厚度计算

经计算,消力池底板厚 0. 32 m,本次设计采用 0. 5 m。

4. 海漫长度计算

根据《水闸设计规范》(SL 265—2016),海漫长度按下式计算:

$$L_p = K_s\sqrt{q_s\sqrt{\Delta H'}} \tag{3-7}$$

式中：L_p 为海漫长度；q_s 为消力池末端单宽流量；$\Delta H'$ 为闸孔泄水时的上、下游水位差；K_s 为海漫长度计算系数，对于粉质壤土，$K_s = 11 \sim 12$。

经计算，海漫长度 $L_p = 7.6$ m，考虑到下游顺接的需要，本次设计取 10 m。

3.1.7.3　整体稳定计算

稳定计算断面选取最大断面，小清河液压坝边墙计算高度取 5.2 m，计算工况选取正常运行、墙前水位骤降两种工况。

1. 填土压力计算

铅直土压力按上部土重计算，侧向土压力按朗肯主动土压力理论计算，计算公式为：

$$P_a = \gamma H^2 K_a/2 + qHK_a - 2cHK_a^{1/2} \tag{3-8}$$

式中：γ 为土容重，kN/m^3；c 为土的黏聚力，kPa；K_a 为主动土压力系数，$K_a = \tan^2(45° - \varphi/2)$；$\varphi$ 为土的内摩擦角。

2. 抗滑稳定计算

$$K_c = \frac{f\sum G}{\sum H} \geqslant [K_c] \tag{3-9}$$

式中：K_c 为计算的抗滑稳定安全系数；$[K_c]$ 为容许抗滑稳定安全系数；$\sum G$ 为垂直与底面的力之和；$\sum H$ 为水平力之和。

3. 抗倾覆稳定计算

$$K_0 = \frac{\sum M_V}{\sum M_H} \tag{3-10}$$

式中：K_0 为挡土墙抗倾覆稳定安全系数；$\sum M_V$ 为对挡土墙基底前趾抗倾覆力矩，kN · m；$\sum M_H$ 为对挡土墙基底前趾倾覆力矩，kN · m。

4. 地基容许承载力计算

$$\sigma_{min}^{max} = \frac{\sum G}{A}\left(1 \pm \frac{6e}{B}\right) \tag{3-11}$$

式中：σ_{min}^{max} 分别为基底压力的最大值和最小值，kPa；$\sum G$ 为竖向力之和，N；A 为基底面积，m^2；B 为堰底板的宽度，m；e 为合力距底板中心点的偏心距，m。

5. 基底应力不均匀系数

$$\eta = \sigma_{max}/\sigma_{min} < [\eta] \tag{3-12}$$

式中：σ_{max} 为闸室基底应力的最大值，kPa；σ_{min} 为闸室基底应力的最小值，kPa；$[\eta]$ 为允许不均匀系数。

根据表 3-8 的计算结果，液压坝抗滑稳定安全系数、抗倾覆稳定安全系数、地基承载力和不均匀系数均满足相关规范要求。

表 3-8　液压坝边墙稳定计算成果

计算工况	抗滑稳定安全系数		抗倾覆稳定安全系数		地基承载力/kPa			不均匀系数 η	
	K_c	$[K_c]$	K_0	$[K_0]$	σ_{max}	σ_{min}	$[\sigma]$	η	$[\eta]$
正常蓄水	2.02	1.2	2.64	1.4	86.52	45.7	130	1.89	2.0
墙前水位突降	1.85	1.05	2.76	1.3	86.95	46.69	130	1.86	2.5

3.1.7.4　渗流稳定计算

1. 坝基防渗长度计算

根据《水闸设计规范》(SL 265—2016),为保证坝体安全,坝基防渗长度按照下式确定。

$$L \geqslant C\Delta H \tag{3-13}$$

式中:L 为坝基防渗长度,即坝基轮廓线防渗部水平段和垂直段长度的总和,m;C 为允许渗径系数,以地基土的性质确定;ΔH 为上、下游水头差。

根据地质勘察成果,坝址所在地基为重粉质壤土,对应的允许渗径系数为 3~5,故最小防渗长度为 $L=(3\sim5)\times4.2=12.6\sim21$(m),防渗长度满足要求。

2. 渗透压力计算

(1)土基上水闸的地基有效深度可按下面公式计算:

当 $\dfrac{L_0}{S_0}\geqslant 5$ 时,
$$T_e = 0.5L_0 \tag{3-14}$$

当 $\dfrac{L_0}{S_0} < 5$ 时,
$$T_e = \frac{5L_0}{1.6\dfrac{L_0}{S_0}+2} \tag{3-15}$$

式中:T_e 为地基上水闸地基的地基有效深度,m;L_0 为地下轮廓的水平投影长度,m;S_0 为地下轮廓的垂直投影长度,m。

$L_0=20+10+2.4=32.4$(m),$S_0=2.2$ m,故 $\dfrac{L_0}{S_0}=\dfrac{32.4}{2.2}=14.7>5$,则 $T_e=0.5L_0=16.2$ m,故实际透水层深度为 16.2 m。

3. 分段阻力系数计算

分段阻力系数可按以下公式计算。

(1)进、出口段:

$$\xi_0 = 1.5\left(\frac{S}{T}\right)^{\frac{3}{2}} + 0.441 \tag{3-16}$$

式中:ξ_0 为进出口段的阻力系数;S 为板桩或齿墙的入土深度, m;T 为地基透水层深度, m。

(2)内部垂直段:

$$\xi_y = \frac{2}{\pi}\ln\cot\left[\frac{\pi}{4}\left(1 - \frac{S}{T}\right)\right] \tag{3-17}$$

式中:ξ_y 为内部垂直段的阻力系数。

(3)水平段:

$$\xi_x = \frac{L_x - 0.7(S_1 + S_2)}{T} \tag{3-18}$$

式中:ξ_x 为水平段的阻力系数;L_x 为水平段长度,m;S_1、S_2 为进、出口段板桩或齿墙的入土深度,m。

(4)各分段水头损失值:

$$h_i = \xi_i \frac{\Delta H}{\sum_{i=1}^{n} \xi_i} \tag{3-19}$$

式中:h_i 为各分段水头损失值,m;ξ_i 为各分段的阻力系数;n 为总分段数。

(5)出口段渗流坡降值:

$$J = \frac{h'_0}{S'} \tag{3-20}$$

经计算,渗流出口处平均坡降、底板水平段平均渗流坡降均满足要求,因此渗流稳定分析满足相关规范要求。

3.1.8　工程量汇总

液压坝工程量汇总见表3-9。

表3-9　液压坝工程量汇总

序号	项目名称	单位	工程量
1	土方开挖	m^3	27 268.41
2	土方回填	m^3	15 868.49
3	C20 混凝土	m^3	2 776.47
4	C25 混凝土	m^3	9 243.86
5	C30 二期混凝土	m^3	91.71
6	M7.5 浆砌石	m^3	3 631.27
7	C15 混凝土垫层	m^3	1 521.40
8	粗砂垫层	m^3	422.83
9	级配碎石垫层	m^3	490.77

续表 3-9

序号	项目名称	单位	工程量
10	碎石垫层	m^3	422.83
11	土工布	m^2	980.05
12	PVC 排水管	m	1 421.63
13	底板伸缩缝	m^2	2 582.20
14	抛石护底	m^3	1 217.78
15	砂石反滤料	m^3	241.08
16	止水系统	m	2 233.56
17	模板	m^2	14 237.53
18	钢筋制作安装	t	734.23
19	栏杆	m	248.51
20	管理房	m^2	194.87

3.2 案例 2:水闸工程

3.2.1 建筑物工程地质条件及评价

地质结构、各岩土层物理力学性质、水文地质条件、工程地质评价、工程等别和标准见第 2 章。

3.2.2 工程选型

挡水建筑物的形式对工程的投资、景观效果、运行管理都有着重要的影响。本次水闸闸型选择,拟定以下三种方案进行比选(见表 3-10)。

表 3-10 水闸建筑物形式比选

项目	方案一 (开敞式闸室,平板门挡水)	方案二 (胸墙式闸室,平板门挡水)	方案三 (开敞式闸室,悬挂式液压门挡水)
优点	采用常规形式,技术成熟可靠,投资略省,水闸运行简单。闸门全开时过闸水流具有自由水面,漂浮物可随水流下泄,不致阻塞闸孔,利于行洪	采用常规形式,技术成熟可靠,投资略省。闸门尺寸较小,启闭机室排架高度略有降低	技术较为先进,无须设置高排架启闭机室,闸门隐藏在交通桥下,对景观无影响

续表 3-10

项目	方案一 （开敞式闸室，平板门挡水）	方案二 （胸墙式闸室，平板门挡水）	方案三（开敞式闸室， 悬挂式液压门挡水）
缺点	1. 固定式启闭机需要设置较高的启闭机室，排架高，土建工程量略大； 2. 运行人员需通过楼梯上下启闭机室，现地控制运行，稍有不便； 3. 由于启闭机室高程较高，影响水闸附近景观	1. 固定式启闭机需要设置较高的启闭机室，排架高，土建工程量略大； 2. 运行人员需通过楼梯上下启闭机室，现地控制运行，稍有不便； 3. 由于启闭机室高程较高，影响水闸附近景观； 4. 过闸水流只能通过固定孔洞下泄，自由水面受胸墙所阻挡	1. 闸门结构较复杂； 2. 控制设备较复杂； 3. 投资略高； 4. 支铰、油缸可能浸入水下，易锈蚀； 5. 油缸同步问题难以解决

本水闸为穿堤涵洞式水闸，由表 3-10 可以看出，方案一（开敞式闸室，平板门挡水）过流条件好，该门型成熟可靠，可以实现动水启闭，闸门、启闭机结构简单，安全可靠，经济实用，检修方便。综合比较，本工程 1 座水闸拟采用开敞式闸室及垂直方向启闭的平面闸门，闸室布置于该进水涵出口。

3.2.3　水闸工程设计

水闸有关水位参数见表 3-11。

表 3-11　水闸水位参数

水闸名称	位置	设计河底高程/m	常水位/m	张路庄港					
				设计洪水位（$P=10\%$）/m	校核洪水位（$P=5\%$）/m	设计洪水流量（$P=10\%$）/（m^3/s）	校核洪水流量（$P=5\%$）/（m^3/s）	设计洪水流速/（m/s）	校核洪水流速/（m/s）
草河北中央生态绿谷进水闸	中央生态绿谷北端	40.13	41.70	41.62	42.15	21.3	26.3	0.79	0.92

按照表 3-11 所述，根据《水闸设计规范》（SL 265—2016）中的工程分等和建筑物级别划分规定，中央生态绿谷（草河北）进水闸级别为 5 级。

根据《中国地震动参数区划图》（GB 18306—2015），平舆县地震动峰值加速度为 0.05g，相当于地震基本烈度Ⅵ度，反应谱特征周期为 0.35 s。

场区地质结构属黏性土均一结构,拟建液压升降坝基础位于第②层重粉质壤土层中,该层呈可塑~硬塑状,承载力标准值为 150 kPa,强度较高,可作为基础持力层。第②层重粉质壤土允许水力比降 $J_{允许}=0.48$。

场区地下水埋深 2.91~3.15 m,位于建基面以上,且河内常年有水,存在施工降排水和施工导流问题。

根据《水闸设计规范》(SL 265—2016),水闸安全系数见表 3-12。

表 3-12 水闸安全系数

水闸名称	水闸级别	基本荷载组合		特殊荷载组合	
		抗滑稳定安全系数 $[K_c]$	闸基底应力最大值与最小值之比的允许值	抗滑稳定安全系数 $[K_c]$	闸基底应力最大值与最小值之比的允许值
草河北中央生态绿谷进水闸	5	1.20	2.00	1.05	2.50

3.2.3.1 水力计算

1. 水闸过流能力计算

本水闸为水系联通水闸,水闸内径为 2 m×2.5 m,不进行过流能力分析。按水闸全开,上下游为正常蓄水位计算。

箱涵过流能力计算采用《灌溉与排水渠系建筑物设计规范》(SL 482—2011)附录 D 计算。

1)涵洞水流流态判别

进口水深 $H=1.17\ \text{m}<1.2D$(D 为洞高)$=1.2\times2\ \text{m}=2.4\ \text{m}$,出口水深 $h=1.57\ \text{m}<D$,故判定该涵洞水流流态为无压流。

2)长、短洞判别

洞长 $L=5.92<8H=8\times1.49\ \text{m}=11.92\ \text{m}$,故该涵洞应为短洞。

3)涵洞过流能力计算

综上,该涵洞过流能力计算按无压流短洞流量公式进行计算:

$$Q = B_0\sigma\varepsilon_b m\sqrt{2g}H_0^{\frac{3}{2}} \tag{3-21}$$

$$\sigma = 2.31\frac{h_s}{H_0}\left(1-\frac{h_s}{H_0}\right)^{0.4} \tag{3-22}$$

$$H_0 = H + \frac{\alpha v^2}{2g} \tag{3-23}$$

$$h_s = h - iL(\text{短洞}) \tag{3-24}$$

式中:Q 为涵洞过流量,m^3/s;B_0 为洞宽,为 1.8 m;m 为流量系数,可近似采用 $m=0.36$;H_0 为计入行近流速水头的进口水深,m;ε_b 为侧收缩系数,可近似取 $\varepsilon=0.95$;σ 为淹没系

数；h_s 为洞进口内水深，m；v 为上游行近流速，m/s；α 为动能修正系数，可采用 $\alpha=1.05$。

过流能力计算成果见表3-13。

表3-13　过流能力计算成果

设计流量/(m^3/s)	洞前水深/m	洞后水深/m	流量系数	侧收缩系数	洞宽/m	淹没系数	行近水头/m	计算流量/m^3
假设0.5	1.13	1.13	0.36	0.95	2.0	0.257 6	0.079	0.40

由表3-13可知，该水闸最小过流量为：$Q=0.40\ m^3/s$。

2. 消能防冲计算

水闸消能防冲采用《水闸设计规范》(SL 265—2016)附录B中方法进行计算，具体计算方法及公式如下。

1) 消力池深度计算

$$d=\sigma h''_c-h'_s-\Delta Z$$

$$h''_c=\frac{h_c}{2}\left(\sqrt{1+\frac{8\alpha q^2}{gh_c^3}}-1\right)\left(\frac{b_1}{b_2}\right)^{0.25}$$

$$h_c^3-T_0h_c^2+\frac{\alpha q^2}{2g\varphi^2}=0$$

$$\Delta Z=\frac{\alpha q^2}{2g\varphi^2 h'^2_s}-\frac{\alpha q^2}{2gh''^2_c}$$

式中：d 为消力池深度；σ 为水跃淹没系数，可采用1.05~1.10，计算中取1.10；h''_c为跃后水深；h_c 为收缩水深；α 为水流动能校正系数，取1；q 为过闸单宽流量；b_1 为消力池首端宽度；b_2 为消力池末端宽度；T_0 为由消力池底板算起的总势能；ΔZ 为出池落差；h'_s 为出池河床水深。

2) 消力池长度计算

$$L_{sj}=L_s+\beta L_j \tag{3-25}$$

$$L_j=6.9(h''_c-h_c) \tag{3-26}$$

式中：L_{sj} 为消力池长度；L_s 为消力池斜坡段水平投影长度；β 为水跃长度校正系数，可采用0.7~0.8，计算中取0.7；L_j 为水跃长度。

3) 海漫长度计算

根据《水闸设计规范》(SL 265—2016)附录B，海漫长度按下式计算：

$$L_p=K_s\sqrt{q_s\sqrt{\Delta H'}}$$

式中：L_p 为海漫长度；q_s 为消力池末端单宽流量；$\Delta H'$ 为闸孔泄水时的上、下游水位差；K_s 为海漫长度计算系数，对于粉质壤土，$K_s=11\sim12$。

水闸消能防冲计算结果：消力池长度为5 m，消力池深度为0，消力池底板厚度为0.4 m，海漫长度为14 m。

3.2.3.2　稳定计算

1. 渗流稳定计算

防渗排水设置的原则是上堵下排,防渗与导渗相结合,即在上游段布置防渗设施,尽可能地降低有压渗水水头;在下游段设置排水设施,通过排除渗水达到降低渗压水头的目的。

初步拟定防渗长度应满足公式:

$$L = C\Delta H \tag{3-27}$$

式中:L 为防渗长度,即轮廓线防渗部分水平段和垂直段长度的总和;ΔH 为上、下游水位差;C 为允许渗径系数值,按《水闸设计规范》(SL 265—2016)表 4.3.2 选取,取 $C=5$。

防渗长度计算结果见表 3-14。

表 3-14　防渗长度计算成果

名称	上下游水位最大差/m	L/m	实际防渗长度/m
中央生态绿谷(草河北)进水闸	1.57	7.85	24.94

闸下游消力池均设有 ϕ 80 排水孔,排水孔间距 2.0 m,呈梅花形布置。

2. 水闸抗滑稳定计算

结合挡水闸的运行情况,计算闸室稳定和应力时的工况及荷载组合见表 3-15,水闸稳定及应力计算成果见表 3-16。

表 3-15　计算工况及荷载组合

名称	工况	计算水位		计算荷载					
		闸前	闸后	自重	水重	静水压力	扬压力	土压力	地震荷载
中央生态绿谷(草河北)进水闸	完建工况	无水	无水	√	—	—	—	√	—
	正常蓄水	41.70 m	41.70 m	√	√	√	√	√	—
	挡水	41.70 m	无水	√	√	√	√	√	—

表 3-16　水闸稳定及应力计算成果

名称	计算工况	基底应力/kPa		应力不均匀系数		抗滑稳定安全系数	
		P_{max}	P_{min}	η	$[\eta]$	K_c	$[K_c]$
草河北中央生态绿谷进水闸	完建工况	57.692	61.142	1.059	2.00	—	—
	正常蓄水	51.429	48.325	1.064	2.00	—	—
	挡水	44.444	37.18	1.195	2.50	2.199	1.05

基底应力计算公式:

$$P_{min}^{max} = \frac{\sum G}{A} \pm \frac{\sum M}{W} \tag{3-28}$$

式中：$P_{\min}^{\max}$ 分别为底板基底应力的最大值、最小值，kPa；$\sum G$ 为作用在底板上全部竖向的荷载(包括底板基础底面上的扬压力在内)，kN；$\sum M$ 为作用在底板上的全部竖向荷载和水平荷载对基础底面垂直水流方向的形心轴的力矩之和，kN·m；A 为基底面的面积，m^2；W 为底板基底面对于该底面垂直水流方向形心轴的截面矩，m^3。

基底抗滑稳定计算公式：

$$K_c = \frac{f\sum G}{\sum H} \tag{3-29}$$

式中：K_c 为沿底板基底面的抗滑稳定安全系数；f 为底板基底面与地基之间的摩擦系数；$\sum H$ 为作用在底板上的全部水平向荷载，kN。

由地质勘察报告知，闸基坐落于壤土层，地基承载力为150 kPa，计算结果表明(见表3-16)，各种工况下闸底板的地基承载力、基底应力不均匀系数及抗滑稳定安全系数均满足规范要求。

3. 挡土墙稳定计算

1)计算工况

(1)工况1(完建期)：墙前墙后无水。

(2)工况2(设计水位)：墙前设计水位42.00 m，墙后设计水位41.70 m。

(3)工况3(水位骤降)：墙前设计水位41.13 m，墙后设计水位41.13 m(排水管位置)。

2)抗滑、抗倾覆稳定计算

(1)计算参数。

挡墙高度0~3.1 m，取计算高度2.45 m，墙基位于第②层重粉质壤土层上，混凝土与地基摩擦系数为0.31，根据地质建议值承载力特征值为150 kPa；墙后回填土 $\theta=12°$，$c=27$ kPa，饱和容重取24.5 kN/m^3，浮容重取12 kN/m^3。

(2)荷载组合。

依据相关规范要求计算荷载组合，包括基本荷载组合和特殊荷载组合，稳定计算工况荷载组合见表3-17。

表3-17　挡土墙稳定计算荷载组合

计算工况	自重	水重	水压力	扬压力	浪压力	土压力	地震力
工况1	√					√	
工况2	√		√	√		√	
工况3	√		√	√		√	

3)挡墙抗滑稳定计算

根据《水工挡土墙设计规范》(SL 379—2007)规定，本次挡土墙稳定计算中土压力计算采用朗肯公式。

(1)挡墙抗滑稳定计算采用以下公式：

$$K_c = \frac{f\sum W}{\sum P} \geqslant [K_c] \tag{3-30}$$

式中：K_c 为挡墙基底面的抗滑稳定安全系数；f 为挡墙基底面与地基的摩擦系数；$\sum W$ 为挡墙自重及作用在挡墙上的全部竖向荷载的总和，kN；$\sum P$ 为作用在挡墙上的全部水平荷载的总和，kN；$[K_c]$ 为允许抗滑稳定安全系数。

（2）挡墙抗倾稳定计算采用以下公式：

$$K_0 = \frac{\sum M_1}{\sum M_2} \geqslant [K_0] \tag{3-31}$$

式中：K_0 为抗倾覆稳定安全系数；$\sum M_1$ 为抗倾覆力矩总和，kN·m；$\sum M_2$ 为倾覆力矩总和，kN·m；$[K_0]$ 为允许抗倾覆稳定安全系数。

（3）挡墙地基应力计算采用以下计算公式：

$$\sigma_{\min}^{\max} = \frac{\sum G}{A} \pm \frac{\sum M}{\sum W} \tag{3-32}$$

式中：$\sigma_{\min}^{\max}$ 分别为基底应为最大值、最小值，kPa；$\sum G$ 为基面上沿竖向荷载总和，kN；A 为基础底板面积，m^2；$\sum M$ 为荷载对底板形心轴的力矩总和，kN·m；$\sum W$ 为底板的截面系数，m^3。

挡墙稳定计算成果见表 3-18。

表 3-18　闸室稳定计算荷载组合

计算工况	抗倾覆稳定安全系数	抗倾覆稳定安全系数	地基应力 σ/kPa			应力不均匀系数 n	允许承载力设计值/kPa
			σ_{max}	σ_{min}	$\sigma_{平均}$		
工况 1	1.358	8.512	31.942	30.723	31.333	1.04	150
工况 2	1.622	4.811	27.1	24.909	26.004	1.08	150
工况 3	1.323	4.229	29.253	24.460	26.857	1.20	150

《水工挡土墙设计规范》(SL 379—2007)规定：基本组合时，5 级建筑物的抗滑稳定安全系数不小于 1.2；特殊组合 Ⅰ 时，抗滑稳定安全系数不小于 1.05。基本组合时，地基不均匀系数小于 2，特殊组合时，地基不均匀系数不小于 2.5。

计算结果显示，挡墙基础应力最大值小于地基允许承载力，抗滑稳定安全系数、抗倾覆稳定安全系数等满足相关规范要求。

3.2.4　工程量汇总

进水闸工程量汇总见表 3-19。

表 3-19 进水闸工程量汇总

序号	项目名称	单位	工程量
1	土方开挖	m^3	498.39
2	土方回填	m^3	224.64
3	C25 箱涵	m^3	247.07
4	C15 混凝土垫层	m^3	16.95
5	PVC 排水管	m	9.36
6	海漫抛石	m^3	50.55
7	聚乙烯闭孔泡沫板	m^2	15.97
8	平板钢闸门	t	2.00
9	启闭机(2JM-5t)	t	1.20
10	启闭机室建筑面积	m^2	14.56
11	栏杆	m	10.40
12	止水铜片	m	39.92
13	模板	m^2	359.81
14	钢筋	t	13.01

3.3 案例3:跌水建筑物

3.3.1 拦水堰

3.3.1.1 拦水堰布置

本次河道治理通过布置液压坝可使河道在一定范围内形成连续水面,但仍有部分河段在非汛期几乎处于无水状态,同时为了避免拦水建筑物单一化,因此拟在适当位置穿插增设拦水堰使其河道蓄水,以使整体河道水面呈连续状态。本次设计景观拦水堰堰顶高程高出设计河底2.2~2.5 m,在河底横向通长布置,主体结构形式为C20混凝土,下游设置5 m长C20混凝土消力池,后设5 m长C20混凝土海漫段。景观拦水堰在接近河底高程处设置1个放空管,以起到控制水流的作用。

景观拦水堰平面布置均采用直线形,堰体主要采用C20混凝土结构,表面做5~10 cm C20仿石混凝土饰面,同时为增加亲水及景观效果,纵向布置一级跌水形式与下游河底衔接,堰体溢流面上可布置形态各异的自然石等措施以丰富水流形态。为方便人们亲水游览,岸坡设有亲水平台,堰顶设有汀步,汀步外观采用蘑菇形,并设计不同大小穿插摆布,同时采用多样外观色彩进行修饰。

结合本次治理设计河底比降,本次河道治理共需布置 2 处景观拦水堰,拦水堰工程控制参数见表 3-20。

表 3-20 拦水堰工程控制参数

序号	桩号	C20 混凝土铺盖段/m	堰高 H/m	堰身段/m	跌水段/m	消力池/m	海漫段/m	上游河底高程/m	说明
1	中央生态绿谷(南)0+050	10	2.5	3.5	2	5	5	40	堰后 3 m 跌水
2	中央生态绿谷(北)1+800	10	2.2	3.1	2	5	5	39.5	堰后 2.2 m 跌水

3.3.1.2 拦水堰稳定计算

本次根据各拦水堰不同地质条件,按照挡土墙进行稳定计算,选取拦水堰桩号分别为:中央生态绿谷(南)0+050、中央生态绿谷(北)1+800。

(1)堰后填土压力计算:铅直土压力按上部土重计算,侧向土压力按朗肯主动土压力理论计算,计算公式:

$$P_a = \gamma H^2 K_a/2 + qHK_a - 2cHK_a^{1/2}$$

式中:γ 为土容重,kN/m^3;c 为土的黏聚力,kPa;K_a 为主动土压力系数,$K_a = \tan^2(45° - \varphi/2)$;$\varphi$ 为土的内摩擦角。

按正常蓄水期进行计算。

(2)抗倾覆稳定:要求拦水堰在任何不利的荷载组合作用下均不会绕前趾倾覆,且应具有足够的安全系数。

$$K_0 = 抗倾覆力矩 / 倾覆力矩 \geqslant [K_0] \tag{3-33}$$

式中:K_0 为计算抗倾覆稳定安全系数;$[K_0]$为容许的抗倾覆稳定安全系数,取 1.50。

抗倾覆计算采用《建筑地基基础设计规范》(GB 50007—2011)中公式:

$$K_t = \frac{Gx_0 + E_{az}X_f}{E_{ax}Z_f} \tag{3-34}$$

式中:G 为拦水堰每延米的自重,kN;E_{az} 为土压力在垂直方向上的分力;X_f 为土压力作用点到拦水堰前趾边缘的水平距离;E_{ax} 为土压力在水平方向上的分力;Z_f 为土压力作用点到拦水堰前趾边缘的垂直距离。

(3)抗滑稳定:

$$K_c = \frac{f\sum G}{\sum H} \geqslant [K_c]$$

式中:K_c 为计算的抗滑稳定安全系数;$[K_c]$为容许抗滑稳定安全系数,$[K_c]=1.0$;$\sum G$ 为垂直与底面的力之和;$\sum H$ 为水平力之和;f 为摩擦系数。

(4)地基容许承载力：

$$\sigma_{\min}^{\max} = \frac{\sum G}{A}\left(1 \pm \frac{6e}{B}\right)$$

式中：$\sigma_{\min}^{\max}$ 分别为基底压力的最大值和最小值，kPa；$\sum G$ 为竖向力之和，kN；A 为基底面积，m^2；B 为堰底板的宽度，m；e 为合力距底板中心点的偏心距，m。

景观拦水堰结构计算采用北京理正软件设计研究院的挡土墙稳定计算程序。

计算时选取最不利断面，按完建后蓄满水位工况荷载组合进行计算，计算结果见表 3-21。

表 3-21　拦水堰稳定计算成果

计算项目		抗滑稳定安全系数		抗倾覆稳定安全系数		地基承载力/kPa			不均匀系数 η	
		K_c	$[K_c]$	K_0	$[K_0]$	$\sigma_{\max}$	$\sigma_{\min}$	$[\sigma]$	η	$[\eta]$
中央生态绿谷(南)0+050	正常蓄水期	1.83	1.00	11.31	1.50	51.73	48.14	123	1.07	2
中央生态绿谷(北)1+800	正常蓄水期	2.05	1.00	22.86	1.50	40.61	24.22	162	1.67	2

根据计算结果，拦水堰抗滑稳定安全系数、抗倾覆稳定安全系数均稳定，地基承载力、不均匀系数均满足相关规范要求。

3.3.1.3　拦水堰工程量汇总

拦水堰主要工程量汇总见表 3-22。

表 3-22　拦水堰主要工程量汇总

序号	项目名称	单位	工程量
1	土方开挖	m^3	959.33
2	土方回填	m^3	105.00
3	C20 混凝土	m^3	1 188.41
4	C20 仿石混凝土饰面	m^2	121.80
5	粗砂垫层 100 mm	m^3	216.94
6	DN300 放空管	m	8.40
7	低发泡沫塑料板填缝	m^2	81.48

续表 3-22

序号	项目名称	单位	工程量
8	夯实土	m^2	1 870. 52
9	卵石与防水砂浆结合层	m^2	315. 00
10	生态混凝土护坡	m^2	449. 40
11	碎石垫层	m^3	111. 55
12	橡胶止水	m^2	155. 40
13	自然石	m^3	491. 40
14	卵石	m^3	26. 25
15	排水管	m	18. 90
16	青石板台阶 30 mm	m^2	21. 61
17	拦污栅	m^2	0. 32
18	钢筋	t	5 449. 50
19	法兰盘	个	2
20	涡轮传动组合阀 BZHKHXJ0. 6	个	2

3. 3. 2 跌水

3. 3. 2. 1 跌水布置及稳定计算

本次设计在充分满足河道规划流量的前提下,防止河道受到冲刷和淤积,必须使河道保持一定的纵向比降。当河道通过过陡的河段时,如果按照原地面坡度选定规划比降,将会出现过分宽浅的河道横断面。为了使规划河道比降合理经济,尽量避免深挖、高填,修建跌水作为连接上下游段建筑物,从景观上考虑使河底比降变缓,在相同的流量下能够形成更为宽阔的水面,并且增加了人工景观,为建成有观赏价值并具有综合性能的城市河道打下基础。

跌水建筑物选址及高度遵循的原则是:地质条件好、工程投资少、布置于河道的下游。

结合实际地形情况,分别在二干退水渠桩号 9+650、9+850 和 10+000 处,七里河桩号 0+050、0+350 处设置 5 座跌水,堰高均为 1 m。跌水形式一般为台阶式,采用单级落差消力,跌水堰采用 C20 混凝土结构,表面做 50~100 mm 厚 C20 仿石混凝土饰面,下垫 10 cm 厚碎石垫层和 10 cm 厚粗砂垫层,跌水下用自然石点缀,下游设置 5 m 长、深 50 cm 的消力池,后接 5 m 长的 C20 混凝土海漫段。

为方便人们亲水游览,跌水上设置汀步,汀步外观采用多种形态,如蘑菇形、城垛形、自然石跳步等,采用多样外观色彩进行修饰。

跌水工程控制参数见表 3-23,典型跌水稳定计算成果见表 3-24。

表 3-23　跌水工程控制参数

序号	桩号	C20 混凝土铺盖段/m	堰高 H/m	堰身段/m	跌水段/m	消力池/m	海漫段/m	上游河底高程/m	说明
1	二干退水渠 9+650	10	1	2.68	2	5	5	39	堰后 1.5 m 跌水
2	二干退水渠 9+850	10	1	2.68	2	5	5	38	堰后 1.5 m 跌水
3	二干退水渠 10+000	10	1	2.68	2	5	5	37	堰后 1.5 m 跌水
4	七里河 0+050	10	1	2.5	2	5	5	36	堰后 1 m 跌水
5	七里河 0+350	10	1	2.68	2	5	5	37	堰后 1.5 m 跌水

表 3-24　典型跌水稳定计算成果

计算项目		抗滑稳定安全系数		抗倾覆稳定安全系数		地基承载力/kPa			不均匀系数 η	
		K_c	$[K_c]$	K_0	$[K_0]$	σ_{max}	σ_{min}	$[\sigma]$	η	$[\eta]$
七里河 0+350	正常蓄水期	2.15	1.00	18.59	1.50	48.95	35.03	126	1.4	2

3.3.2.2　跌水主要工程量汇总

跌水主要工程量汇总见表 3-25。

表 3-25　跌水主要工程量汇总

序号	项目名称	单位	工程量
1	土方开挖	m^3	2 626.86
2	土方回填	m^3	336.00

续表 3-25

序号	项目名称	单位	工程量
3	C20 混凝土	m^3	1 806.56
4	C20 仿石混凝土饰面	m^2	168.00
5	粗砂垫层 100 mm	m^3	379.23
6	DN300 放空管	m	29.40
7	低发泡沫塑料板填缝	m^2	228.64
8	夯实土	m^2	3 598.575 75
9	卵石与防水砂浆结合层	m^2	1 086.75
10	生态混凝土护坡	m^2	491.53
11	碎石垫层	m^3	239.70
12	橡胶止水	m^2	438.38
13	自然石	m^3	873.60
14	卵石	m^3	84.00
15	排水管	m	94.50
16	青石板台阶 30 mm	m^2	223.97
17	拦污栅	m^2	7.00
18	钢筋	t	17 262.00
19	法兰盘	个	7
20	涡轮传动组合阀 BZHKHXJ0.6	个	7

3.4　案例 4:橡胶坝工程

3.4.1　工程地质

3.4.1.1　地形地貌

坝址区两岸地形平坦,多为壤土覆盖。由于采砂,河床及漫滩宽浅不一,一级阶地不发育,零星出露在河湾处,为壤土组成。二级阶地阶面宽广,表层为壤土,下部为砂及砂卵石。

3.4.1.2　**地层岩性**

根据钻探,在深度 30.0 m 范围内,揭露出地层岩性为第四系地层。由新至老依次为第四系全新统上段(Q_4^2)轻粉质壤土和下段(Q_4^1)中粉质壤土、细砂,上更新统(Q_3)砂卵石等。根据地质时代、成因类型和岩土工程特性,共划分为 4 个岩土体单元,现由新至老描述如下:

①层轻粉质壤土:层底标高 78.37~80.03 m,层厚 3.60~6.40 m,分布规律稳定,平均层厚 5.02 m。

黄褐色,中密,属弱透水,标准贯入试验测试 20 段次,范围值 2~12 击,平均值 5.3 击,工程地质条件稍差,夹有植物根系,局部砂质含量较高。为新近冲洪积形成。

②层中粉质壤土:层底标高 64.75~75.43 m,层厚 3~14.8 m,仅分布在河右岸,平均层厚 12.22 m。

黄褐色,软塑~可塑,属弱透水,标准贯入试验测试 22 段次,范围值 5~14 击,平均值 7.5 击,工程地质条件稍好,含少量钙质结核及贝壳,并见铁锰质浸染。

③层细砂:层底标高 66.93~75.53 m,层厚 1.70~8.40 m,左岸分布广泛,右岸仅在 zk10 孔有出露,平均层厚 4.91 m。经现场试验,渗透系数 4.4×10^{-4} cm/s,为中等透水。

黄褐色,中密,饱和,属中等透水,标准贯入试验测试 30 段次,范围值 9~22 击,平均值 14.9 击,工程地质条件稍好,成分以石英、长石为主,常见有贝壳碎片。

$③^1$ 层中粉质壤土:层底标高 70.17~75.23 m,层厚 0.50~2.20 m,平均层厚 1.11 m。

灰褐色,饱和,可塑,属弱透水,标准贯入试验测试 30 段次,范围值 7~15 击,平均值 11 击,工程地质条件较好。

④层砂卵石:层底标高 8.98~29.43 m,层厚 56~74 m,平均层厚 65.25 m。该层分布规律稳定。

杂色,中密~密实,饱和,以卵石为主,以砂质及泥质充填,重力动探测试 51 段次,范围值 8.7~71.3 击,平均值 30.4 击。经现场试验,渗透系数 3.2×10^{-2} cm/s,为强透水。

$④^1$ 层中粉质壤土:层底高程 64.53 m,层厚 1.80 m,该层仅在 zk01 孔出露。

黄褐色,饱和,软塑,属弱透水,砂质含量在 30%左右。

$④^2$ 层细砂:层底标高 69.78~71.93 m,层厚 1.40~2.20 m,平均层厚 1.80 m。仅在 zk03 孔、zk04 孔有出露。

灰色,密实,饱和,成分以石英、长石为主,常见有贝壳碎片。

3.4.1.3　**北汝河坝址区土层物理力学性质指标统计**

根据本次钻探所取土样进行的土工试验所取得的物理、力学性质指标,分层进行统计,结果见表 3-26。

表 3-26　地层物理、力学性质指标

层号	地层名称	统计指标	含水率 ω/%	比重 G_s	湿密度 ρ/(g/cm^3)	干密度 ρ_d/(g/cm^3)	饱和度 S_r/%	孔隙比 e	液限 W_L/%	塑限 W_P/%	塑性指数 I_P	液性指数 I_L	压缩系数 a_{1-2}/MPa^{-1}	压缩模量 E_{s1-2}/MPa
①	轻粉质壤土	统计个数	19	19	19	19	19	19	19	19	19	19	19	19
		最大值	29.0	2.72	1.99	1.65	100.0	0.960	45.6	21.9	23.7	0.74	0.472	8.27
		最小值	15.9	2.70	1.61	1.38	45.5	0.651	24.2	15.8	8.2	0.00	0.215	3.74
		平均值	23.4	2.71	1.87	1.52	81.1	0.792	38.5	19.7	18.8	0.22	0.324	5.80
		标准差	3.43	0.01	0.11	0.07	14.8	0.082	7.3	2.1	5.2	0.22	0.076	1.27
		变异系数	0.147	0.003	0.060	0.047	0.183	0.104	0.189	0.104	0.279	1.006	0.235	0.219
②	中粉质壤土	统计个数	28	28	28	28	28	28	28	28	28	28	28	28
		最大值	31.8	2.72	2.03	1.67	100.0	0.897	46.1	22.0	24.1	0.62	0.385	8.19
		最小值	20.4	2.70	1.89	1.43	88.2	0.629	29.8	17.4	12.4	0.01	0.204	4.57
		平均值	25.5	2.72	1.97	1.57	94.9	0.728	42.5	20.8	21.7	0.23	0.286	6.20
		标准差	2.4	0.01	0.03	0.05	2.9	0.060	4.0	1.2	2.8	0.13	0.049	0.94
		变异系数	0.10	0.002	0.02	0.03	0.0	0.083	0.1	0.1	0.1	0.59	0.173	0.15
③	细砂	颗粒组成	粒径为 0.5~0.25 mm 的占 32%、粒径为 0.25~0.075 mm 的占 57%、粒径<0.075 mm 的占 11%											

续表 3-26

层号	地层名称	统计指标	含水率 ω/%	比重 G_s	湿密度 ρ/(g/cm^3)	干密度 ρ_d/(g/cm^3)	饱和度 S_r/%	孔隙比 e	液限 W_L/%	塑限 W_P/%	塑性指数 I_P	液性指数 I_L	压缩系数 a_{1-2}/MPa^{-1}	压缩模量 E_{s1-2}/MPa
③^{1}	中粉质壤土	统计个数	2	2	2	2	2	2	2	2	2	2	2	2
		最大值	29.4	2.72	2.00	1.66	91.7	0.872	45.2	21.7	23.5	0.83	0.483	4.85
		最小值	20.8	2.70	1.88	1.45	89.0	0.631	22.0	15.0	7.0	0.33	0.336	3.87
		平均值	25.1	2.71	1.94	1.56	90.4	0.752	33.6	18.4	15.3	0.58	0.410	4.36
		标准差	6.1	0.01	0.08	0.15	1.9	0.170	16.4	4.7	11.7	0.35	0.104	0.69
		变异系数	0.242	0.005	0.044	0.095	0.021	0.227	0.488	0.258	0.765	0.610	0.254	0.159
④	砂卵石	颗粒组成	粒径为 20~5 mm 的占 47%、粒径为 5~2 mm 的占 12%、粒径为 2~0.5 mm 的占 23%、粒径为 0.5~0.25 mm 的占 8%、粒径为<0.25 mm 的占 10%											
④^{1}	中粉质壤土	统计个数	1	1	1	1	1	1	1	1	1	1	1	1
		最大值	24.4	2.71	1.99	1.60	95.3	0.694	36.1	19.0	17.1	0.32	0.268	6.31
		最小值	24.4	2.71	1.99	1.60	95.3	0.694	36.1	19.0	17.1	0.32	0.268	6.31
		平均值	24.4	2.71	1.99	1.60	95.3	0.694	36.1	19.0	17.1	0.32	0.268	6.31
		标准差	0	0	0	0	0	0	0	0	0	0	0	0
		变异系数	0	0	0	0	0	0	0	0	0	0	0	0

3.4.1.4　水文地质条件

1. 水文条件

北汝河属淮河流域沙颍河水系,全长 250 km,流域面积 6 080 km^2,发源于海拔 2 000 多 m 的伏牛山麓,流域广阔,源远流长,支流众多,水量充沛。上游群山对峙,水道纷杂,河道迂回曲折,坡陡流急。出山口后河床变浅,成为主流摆动无常的游荡型河段。勘察期间,河水位 78.0 m,根据钻探结果,有一层地下水,属潜水类型,地下水位深度为 4.1~6.9 m。地下水埋藏较浅,对本工程有一定的影响。河水补给地下水,地下水位受大气降雨及河水的影响而变化。基坑开挖时,应采取有效措施进行导流及基坑排水。

北汝河属沙颍河水系,是淮河的二级支流,发源于嵩山县车村镇栗树街村北分水岭摞摞沟,流经汝阳县、汝州市、郏县、宝丰县、襄城县、叶县 6 个县(市),在襄城县丁营乡汇入沙河。入襄城县境进入冲积平原,比降变缓为 1/3 000,河道转化成弯曲型河流,为沙质河床,左岸开始有连续堤防,右岸连续堤防自襄城县开始(其上游堤防断断续续)。北汝河上游没有大型水库控制,洪水量大、峰高,是沙河中游供水的主要来源。

规划坝址位于襄城县十里铺乡鲍坡和余庄之间,在桩号 1+042 处,下游距襄城水文站 8 km(1979 年水文站迁至大陈闸),流域面积 5 670 km^2。

2. 工程地质评价

工程处于嵩箕台隆与华北坳陷的通许凸起交接部位,河流主道靠近右岸,左岸发育有阶地,地层为第四系地层,坝址区 2 km 范围内未发现断裂构造。

从野外地质勘察及分析看,在左岸有一细砂层,层底标高 66.93~75.53 m,具中等透水;场地内广泛分布一砂卵石层,8.98~29.43 m,层厚 56~74 m,为强透水层,需进行防渗处理。由于橡胶坝挡水不高,建议采用黏土水平铺盖或土工膜水平铺盖来解决库区渗漏问题,采用高压喷射注浆防渗墙来解决坝基渗漏和坝肩绕渗问题。

水库淹没发生在高程低于 81.7 m 的库区内,主要为漫滩、河心滩,淹没区不存在居民居住地,且水位抬高有限,因此本工程不存在淹没问题。

本水利工程为平原型水库蓄水,地下水位普遍壅高,加上毛细水的上升高度,有可能产生浸没问题,只是地下水位提高,对农田灌溉是有利的。

3.4.2　工程任务和规模

河南襄城县"八七"龙兴水源工程项目是以农田灌溉为主的多目标水资源开发利用工程,是落实国家新增千亿斤粮食生产能力规划、粮食生产核心区建设规划的农田水利配套工程。

项目区范围内现状农田灌溉主要依靠井灌,由于井水温度较低,且属硬水,对烟叶等农作物正常生长发育影响较大,致使产量和质量下降;另外,井灌成本较高,农民负担较重,且由于长期大量开采地下水,导致地下水位下降。

规划的河南襄城县"八七"龙兴水源工程项目从北汝河取水,配合当地水资源利用工程,保证 23 万亩农田灌溉用水,同时解决项目区乡镇生活和企业用水,为实现水资源可持续利用、增强农业生产后劲创造条件。因此,项目区采用北汝河水、当地地表水、地下水作为供水水源。

根据《"八七"龙兴水源工程水资源论证》、工程项目规划、资料情况，采用灌溉定额、工业万元产值取水量指标和生活用水量指标分解法预测规划水平年取用水量。

北汝河是襄城县的最大过境河流，现状北汝河上游没有建大的控制性调蓄工程，北汝河多年平均径流量7.87亿m^3，现状年利用量仅1.3亿m^3，利用率为17%，具有一定的开发潜力；且工程项目取北汝河水仅2 810万m^3，占北汝河多年平均来水量的比例很低，取水量很小。

所以，北汝河橡胶坝的建设任务是为了抬高河水位引水，满足农业灌溉用水、工业用水、城市生活用水及生态用水等需求，提高农作物产量和质量，推进项目区工农业经济可持续发展。首先要求回水位达到灌区及城区的取水高程，又要保证工程蓄水后不影响两岸排涝，同时兼顾城区段河道蓄水范围的环境因素、经济因素综合确定坝高。

综合考虑后，拟定坝址处设计河底高程75.0 m，底板高程76.7 m，坝顶高程81.7 m，总库容679万m^3。

3.4.3　工程总体布置及主要建筑物

3.4.3.1　设计标准和设计依据

本枢纽工程主要任务为通过北汝河橡胶坝工程抬高河水位到81.70 m，拦蓄水量，以满足农业灌溉用水要求。

枢纽工程分为橡胶坝坝段和泄水、冲沙闸两个部分。橡胶坝分为3跨，其中两跨长60 m，中间一跨长70 m；泄水闸宽3 m、高4 m，布置在橡胶坝右岸；坝袋、闸门控制系统布置在右岸坝肩。

3.4.3.2　北汝河橡胶坝工程设计

主体包括三跨坝袋和一孔泄水闸两大建筑物，以及上游连接段、坝身段、下游连接段。泄水闸管理设施布置在大坝右岸。橡胶坝底板高程76.7 m，坝顶高程81.7 m，坝袋高5 m，3跨，总长190 m，中间一跨长度为70 m，两侧长度各为60 m，中墩厚为1.0 m，边墩厚为1.2 m。右侧设泄水闸1座。

3.4.3.3　坝长度确定

橡胶坝坝长的确定主要考虑满足主河槽通过20年一遇洪水设计要求，同时尽量节省投资。根据实测河道横断面，坝址处水位与流量关系见表3-27。

表3-27　坝址处河道水位-流量关系

水位/m	流量/(m^3/s)	说明
85.92	2 827	10年一遇
87.10	3 687	20年一遇

经计算，确定坝长为190 m。

3.4.3.4　坝高选定

北汝河橡胶坝主要是为了抬高河水位引水灌溉，首先要求回水位达到灌溉要求的取水高程,又要保证工程蓄水后不影响两岸排涝,同时兼顾城区段河道蓄水范围的环境因素、经济因素综合确定坝高。坝址处设计河底高程 75.0 m,底板高程 76.7 m,综合考虑拟定闸顶高程 81.7 m,坝前蓄水深 5.0 m。

3.4.3.5　**坝袋设计**

1.坝袋结构形式

采用堵头枕式单袋双锚固充水式坝袋。坝袋材料为氯丁合成橡胶锦纶帆布三布四胶,堵头为两布三胶。

2.内压比

坝袋设计高度 H_1 为 5 m,内压比取 1.25,内压高度由《橡胶坝技术规范》(SL 227—1998)中 $\alpha=H_0/H_1$ 计算,经计算,橡胶坝内压高度 H_0 为 6.25 m。

3.坝袋有效周长及底垫片有效长度

按《橡胶坝技术规范》(SL 227—1998)附录 B 计算坝袋充水后形状参数,即上游曲线段 S_1、下游曲线段 S、上游水平贴地段 n、下游水平贴地段 X_0,其计算结果如下:

坝袋有效周长 $L_0=S_1+S=923+905=1\ 828$(cm);

底垫片有效长度 $L_0=n+X_0=707+324=1\ 031$(cm);

底垫片考虑锚固长度后实际长度为 1 031+64=1 095(cm)(锚固长 2×32 cm);

坝袋实际周长为 1 828+64=1 892(cm);

跨长 60 m 坝袋面积 1 135.2 m^2;

跨长 70 m 坝袋面积 1 324.4 m^2;

坝袋总面积 3 594.8 m^2;

底垫片跨长 60 m 坝袋面积 657 m^2;

底垫片跨长 70 m 坝袋面积 766.5 m^2,总面积 2 080.5 m^2。

4.坝袋拉力

袋壁为薄膜结构,当充水到设计内压高度时,主要产生环向(径向)拉力,其计算按照上游水位平坝顶、下游无水时依据 $T=\frac{1}{2}\gamma\left(\alpha-\frac{1}{2}\right)H_1^2$ 计算,5 m 坝高坝袋拉力为 91.97 kN/m。

5.坝袋容积

根据坝高 H_1 及设计内压比 α,按《橡胶坝技术规范》(SL 227—1998)查表计算,坝高 5 m 时,坝袋单宽容积 $V_0=1.840\ 5\times52=95.706$($m^3$/m)。

跨长 60 m 坝袋单坝袋容积为 2 760.6 m^3;

跨长 70 m 坝袋容积为 3 220.7 m^3,坝袋总容积为 8 741.9 m^3。

6.坝袋型号

选用专业厂家按部颁标准生产的氯丁合成橡胶锦纶帆布坝袋,其型号:坝高 5 m 采用 JBD5.0-300-3 型,坝袋胶布型号为 J300300-3,经/纬强度为 900/900 kN/m,堵头采用两布三胶,堵头胶布型号为 J300300-2。

7.坝袋强度安全系数

根据《橡胶坝技术规范》(SL 227—1998)可知,帆布材料加工制成胶布,强度损失达

10%左右,并且材料强度存在不均匀性。考虑这一因素,胶布浸水后强度损失率取15%。

坝高5 m安全系数$K=900\times0.85/91.97=8.32>6$,满足规范要求。

8. 坝袋锚固

坝袋采用螺栓固定压板双锚固。上游锚固线距坝底板上游边1.5 m,下游锚固线距坝底板下游边6.19 m。锚固螺栓直径上下游及两端均采用ϕ35,间距200 mm。

3.4.3.6 防渗工程设计

(1)根据《水闸设计规范》(SL 265—2016),为保证坝体安全,坝基防渗长度地基为轻粉质壤土(查得$c=7\sim11$),取$c=10$ kPa,则$L=10\times6.6=66$(m)。

(2)地下轮廓布置。按照排水和防渗相结合的原则,在坝前采用两布一膜铺盖,经计算铺盖长度取42 m。铺盖上游设混凝土防冲齿槽。防渗布上面铺一层厚5 cm的粗砂,上设厚0.5 m钢筋混凝土。防渗布铺盖与坝底板、导流墙及两岸齿墙连接均采用压板螺栓连接,螺栓直径16 mm,间距50 cm。

(3)渗流量计算。渗流量的计算采用公式法:

$$q=k\frac{H_1^2-H_2^2}{2L} \tag{3-35}$$

式中:H_1为上游水深,m;H_2为下游水深,m;L为渗流区长度,m;k为渗流系数,cm/s。

经计算$q=0.029$ m^3/(d·m),单宽渗流量很小,可以满足工程需要。

思考题

1. 生态河道的主要功能有哪些?

2. 试简述小清河治理工程建筑物选址标准有哪些。

3. 拦蓄水建筑物位置应根据建筑物的特点和运用要求,综合考虑地形、地质、水流、泥沙含量、施工和管理等方面因素确定,试简述拦蓄水建筑物选址原则。

4. 试论述液压升降坝、橡胶坝、自动翻板闸、拦水堰的定义,分析对比四者在实际工程运用中的优缺点。

5. 根据工程总体设计思路,为满足平舆县水系的生态景观需要,综合考虑地形、地质、水流、施工、管理、周围环境等因素,共设置9座拦蓄水建筑物,阅读本章内容简要概括9座拦蓄水建筑物如何选址。

第 4 章 除险加固工程

4.1 概 述

4.1.1 工程概况

霸子塘水库位于距离商城县城北部约 29 km 的鄢岗镇境内,坝址处在淮河水系白露河支沟上,是一座以防洪、灌溉为主,结合水产养殖等综合利用的小(2)型水库。水库下游保护区内有 0.18 万人、400 亩农田,水库的地理位置重要。水库一旦失事,将对下游造成较大损失。

水库总库容 19.15 万 m^3(除险加固后),工程等别为Ⅴ等,主要建筑物级别为 5 级。按 10 年一遇洪水设计,50 年一遇洪水校核,控制流域面积 0.74 km^2。

水库枢纽工程主要由大坝、溢洪道、输水洞等组成。

大坝为均质坝,除险加固后坝顶高程 108.0 m,新建防浪墙顶高程 108.45 m,最大坝高 3.92 m,坝长 160 m,坝顶宽度 3.0 m,泥结碎石路面。

溢洪道位于大坝左岸,由进口段、控制段、消力池及海漫段组成;控制段为混凝土箱涵,底高程 106.0 m,断面为 3.0 m×1.9 m,矩形断面。

输水洞位于大坝右岸,由启闭塔、洞身段和尾水渠组成;原简易启闭塔拆除重建;洞身长度 20 m。

4.1.2 大坝安全鉴定

2012 年 9 月,河南华北水利水电勘察设计有限公司从水库的工程质量、运行管理、防洪安全、结构安全、渗流安全、抗震安全、金属结构安全和现场检查等主要方面,依据有关现行规范规定和大坝安全评价分类标准,对工程安全性进行了综合评价,并编制完成了《河南省商城县霸子塘水库安全鉴定报告书》。

安全鉴定结论如下:

(1)水库位于距离商城县城北部约 29 km 的鄢岗镇境内,坝址处在淮河水系白露河支沟上,是一座以防洪、灌溉为主,结合水产养殖等综合利用的小(2)型水库。

(2)水库防洪能力不满足国家《防洪标准》(GB 50201—1994)(此规范现已作废,最新为 GB 50201—2014,下同)要求,水库防洪安全性为 C 级。

(3)坝体填筑质量差;坝顶路面坑洼不平;工程质量不合格。

(4)大坝上游坝坡抗滑稳定安全系数不满足规范要求,结构安全性为 C 级。

(5)大坝无排水体,渗流安全性为B级。

(6)溢洪道淤积严重,控制段现状箱涵局部开裂,泄槽段岸坡不规则,无消能设施,溢洪道安全性能为C级。

(7)右岸输水洞启闭塔损坏、出口损坏,左岸输水洞已废弃,输水洞结构安全性综合评定为C级。

(8)根据《中国地震动参数区划图》(GB 18306—2001)(此规范现已作废,最新为GB 18306—2015,下同),工程区地震动峰值加速度0.05g,相应地震基本烈度Ⅵ度,可不进行抗震复核。

(9)无管理观测设施,综合运行管理评价为差。

综上所述,大坝为三类坝。

4.1.3 除险加固主要内容

2012年9月,受商城县水利局委托,河南华北水利水电勘察设计有限公司承担水库除险加固设计任务。

本次除险加固的主要设计原则:水库的防洪标准按现行规范,不增加新的移民安置任务,不涉及经营性项目,所设计的建设内容均与大坝安全鉴定结论指出的大坝安全问题对应。技术方案进行多方案比较,采用应用成熟的新技术、新材料、新方法、新工艺等,经济合理、安全可靠且有利于工程的管理。

4.2 水 文

4.2.1 流域概况

坝址位于淮河水系白露河支沟,水库流域面积0.74 km^2,主河长1.03 km,干流平均坡降1.36‰。水库岸坡大部分植被良好,森林覆盖率较高,水源多为周围群山岗地汇入。

4.2.2 气象

水库流域属亚热带季风气候区,兼有暖温带气候特征,气候温和,四季分明,冬春季干燥少雨,夏秋季湿润多雨。流域内多年平均气温15.5 ℃,极端最高气温可达39.7 ℃,极端最低气温-20 ℃。该区土壤肥沃,农作物以水稻为主,兼种小麦和其他秋杂和经济作物,自然条件得天独厚。

流域内多年平均降雨量1 120 mm,年降雨量分布不均,降雨历时短(约24 h),强度大,6~9月降雨较多,常以暴雨形式出现,汛期降水量约占年降雨量的60%。根据《河南省水资源》附图查得水库多年平均水面蒸发量约900 mm(E601),流域陆面蒸发量690 mm。

4.2.3 水文基本资料

水库坝址以上没有设置雨量站、水文测站,水库建成后,也没有设立水库水文站,无法观测水位及出库泄量。

本次除险加固年径流及设计洪水依据如下:

(1)2007年《河南省水资源》编纂委员会编制的《河南省水资源》。

(2)1984年河南省水文总站编制的《河南省地表水资源》附图。

(3)1984年河南省水利勘测设计院编制的《河南省中小流域设计暴雨洪水图集》。

(4)2005年河南省水文局编制的《河南省暴雨参数图集》计算。

4.2.4 年径流

根据1∶10 000地形图,经复核霸子塘水库流域面积为0.74 km^2,与原始资料基本一致。本次采用等值线图法和水文比拟法估算天然年径流,采用等值线图法。

多年平均年径流深R查算《河南省水资源》(2007年)附图。

水库天然年径流量采用下式计算:

$$W = 0.1RF \tag{4-1}$$

式中:W为多年平均年径流量,万m^3;R为多年平均年径流深,mm;F为流域面积,km^2。

查图得流域面积重心处的多年平均年径流深为460 mm,C_v为0.52,$C_s/C_v=2.0$。经计算,水库多年平均径流为34.04 m^3,不同频率设计成果见表4-1。

表4-1 水库设计天然年径流计算成果 单位:万m^3

均值	C_v	C_s/C_v	频率P			
			10%	50%	75%	90%
34.04	0.52	2	57.87	30.98	21.10	14.30

4.2.5 设计洪水

水库无实测暴雨及洪水资料,对于小(2)型水库,本次采用推理公式法推求设计洪水。

采用《84图集》和《05图集》分别计算设计暴雨,推算设计洪水成果,并对比两者结果合理选定。

4.2.6 设计暴雨

根据《84图集》和《05图集》分别查算点暴雨和产汇流参数,水库各频率设计面暴雨见表4-2和表4-3。

表 4-2　水库设计暴雨成果(《84 图集》)

项目	10 min	1 h	6 h	24 h
点雨量/mm	17.4	44.5	79.0	115.0
C_v	0.36	0.46	0.50	0.49
C_s/C_v	3.5	3.5	3.5	3.5
10%面雨量/mm	25.75	71.65	131.14	189.75
5%面雨量/mm	29.41	84.55	157.21	226.55
2%面雨量/mm	33.93	101.46	191.18	273.70

表 4-3　水库设计暴雨成果(《05 图集》)

项目	10 min	1 h	6 h	24 h
点雨量/mm	16.5	41.0	77.0	118.0
C_v	0.37	0.39	0.46	0.49
C_s/C_v	3.5	3.5	3.5	3.5
10%面雨量/mm	24.75	62.32	123.97	194.70
5%面雨量/mm	28.22	71.75	146.30	232.46
2%面雨量/mm	32.84	84.05	175.56	280.84

4.2.7　设计洪峰流量

洪峰流量采用推理公式按下式计算：

$$Q_m = 0.278\Psi \frac{S}{\tau^n}F \tag{4-2}$$

$$\tau = 0.278 \frac{L}{mJ^{1/3}Q_m^{1/4}} \tag{4-3}$$

$$\Psi = 1 - \frac{\mu}{s}\tau^n \tag{4-4}$$

式中：Q_m 为设计洪峰流量，m^3/s；Ψ 为洪峰径流系数；τ 为洪峰汇流时间，h；μ 为平均入渗率，mm/h；S 为设计最大 1 h 雨量平均强度，即设计频率 1 h 面雨量，mm；F 为流域面积，km^2；L 为坝址以上干流长度，m；J 为干流平均坡降；n 为设计暴雨递减指数；m 为汇流参数。

其中,暴雨参数及产汇流参数的确定方法如下。

(1)设计暴雨。

按照图集资料,查得水库流域中心不同历时的暴雨参数,水库流域面积小于 50 km^2,设计面雨量直接采用设计点暴雨成果。

(2)平均入渗率。

根据《84 图集》中水文分区的划分,水库位于第Ⅰ分区,其平均入渗率为 2~3 mm/h,本次为偏安全考虑,平均入渗率采用取值范围的下限值,本次计算采用 μ=2 mm/h。

(3)设计暴雨递减指数。

计算设计暴雨递减指数(n)采用如下公式:

$$\left.\begin{aligned} n_{1p} &= 1 - 1.285\ \lg \frac{\alpha H_{1p}}{\alpha H_{10'p}} \\ n_{2p} &= 1 - 1.285\ \lg \frac{\alpha H_{6p}}{\alpha H_{1p}} \\ n_{3p} &= 1 - 1.661\lg \frac{\alpha H_{24p}}{\alpha H_{6p}} \end{aligned}\right\} \tag{4-5}$$

式中:$H_{10'p}$、H_{1p}、H_{6p}、H_{24p} 分别为设计各频率 10 min、1 h、6 h、24 h 点雨量,mm;α 为相应的点面折减系数,F<50 km^2 时,取 1。

(4)汇流参数。

汇流参数(m)是按《84 图集》分区建立的流域参数与汇流参数(m)相关关系进行推求,各流域特征参数按 1:1万地形图量算。

由设计暴雨及确定的产汇流参数,采用试算法计算水库设计洪峰流量,由《84 图集》和《05 图集》推算的水库设计洪水成果见表 4-4 和表 4-5。

表 4-4　水库设计洪水成果(《84 图集》)

项目	P=10%	P=5%	P=2%
F/km^2	0.74		
L/km	1.03		
J/%	1.36		
m	0.609		
μ/(mm/h)	2		
τ/h	1.01	0.97	0.92
$Q_m/(m^3/s)$	14.18	17.22	21.16
W_{24}/万 m^3	9.76	12.10	16.58

表 4-5　水库设计洪水成果(《05 图集》)

项目	$P=10\%$	$P=5\%$	$P=2\%$
F/km^2	0.74		
L/km	1.03		
$J/\%$	1.36		
m	0.609		
$\mu/(mm/h)$	2		
τ/h	1.06	1.01	0.97
$Q_m/(m^3/s)$	29.99	14.24	17.16
W_{24}/万 m^3	10.07	12.59	17.07

4.2.8　设计洪量

24 h 设计洪量采用设计净雨成果,按流域面积计算确定。24 h 设计净雨 R_{24} 由《84图集》山丘区次降雨径流关系$(P+P_a)-R$ 曲线查得,最大初损 I_{max} 取 50 mm,50 年一遇以上前期影响雨量等于 I_{max},20 年一遇以下前期影响雨量按 I_{max} 的 2/3 考虑。

24 h 设计洪量采用下式计算:

$$W_{24} = 0.1R_{24}F \tag{4-6}$$

式中:W_{24} 为 24 h 设计洪量,万 m^3;R_{24} 为 24 h 净雨深,mm;F 为流域面积,km^2。

经查算水库的 24 h 洪量成果见表 4-4 和表 4-5。

4.2.9　施工期设计洪水

本水库施工期为 10 月至次年 4 月,根据水库暴雨洪水特性及施工导流要求,采用 5 年一遇非汛期洪水。

本流域无实测水文资料,故参证邻近流域鲇鱼山水库非汛期实测资料,采用比拟法计算。

第一个施工期洪水计算,经统计鲇鱼山水库 1953 年至 2008 年 10~12 月入库流量,用 P-Ⅲ型频率适线,采用 $C_s=2.0C_v$,10 月~12 月的 5 年一遇入库水量 3 312.6 万 m^3,鲇鱼山水库流域面积为 924 km^2,以两水库的流域面积比计算得本水库 5 年一遇 10~11 月份洪量为 2.65 万 m^3。

第二个施工期洪水计算,经统计鲇鱼山水库 1953 年~2008 年 12 月至次年 1 月入库流量,用 P-Ⅲ型频率适线,采用 $C_s=2.0C_v$,12 月至次年 1 月的 5 年一遇入库水量 1 477.4 万 m^3,鲇鱼山水库流域面积为 924 km^2,以两水库的流域面积比计算得本水库 5 年一遇 12 月至次年 1 月洪量为 1.18 万 m^3。

第三个施工期洪水计算,经统计鲇鱼山水库 1953 年至 2008 年 1~2 月入库流量,用

P－Ⅲ型频率适线,采用 $C_s=2.0C_v$,1~2 月的 5 年一遇入库水量 2 514.2 万 m^3,鲇鱼山水库流域面积为 924 km^2,以两水库的流域面积比计算得本水库 5 年一遇 1~2 月洪量为 2.01 万 m^3。

4.2.10 泥沙

水库无泥沙观测资料,查算《河南省地表水资源》(2007)附图,水库悬移质多年平均年输沙模数为 200~500 t/(km^2·a),考虑水库上游植被情况,水土流失治理水平,取下限值 200 t/(km^2·a)。

综合悬移质、推移质泥沙和岸崩三者需要的淤积库容由下式计算:

$$V=\frac{GT}{\gamma}(1+E) \tag{4-7}$$

式中:V 为淤积库容,m^3;T 为淤积年限,水库已运行 50 年,取 $T=50$;G 为多年平均悬移质输沙量,$G=FS_0$,S_0 取 200 t/(km^2·a);γ 为泥沙的容重,一般用 1.3(t/m^3);E 为推移质和岸崩二者占悬移质泥沙的百分比,一般选用 15%~30%,本水库位于平原区,可用较小数值,取 15%。

各参数代入后求得已淤积库容 V 为 0.65 万 m^3。

4.3 工程地质

4.3.1 工程地质概况

为配合本次大坝安全评价和除险加固设计工作,河南省沙颍河勘测设计院对坝址区进行了工程地质测绘,对主坝坝体进行了质量检查,并进行室内物理力学性质试验;对坝基进行了原位测试及物理力学性试验,查明了坝基的透水性和坝基岩土体的物理力学性质;对溢洪道、输水洞进行工程地质勘察;对天然建筑材料进行了勘察与评价;并于 2012 年 7 月提出了《商城县霸子塘水库除险加固工程初步设计阶段工程地质勘察报告》。

4.3.1.1 自然地理

水库地处亚热带向温暖带过渡区,兼有亚热带和暖温带的气候特征。年平均气温为 15.4 ℃,无霜期为 224 d,夏季多南风,冬季多北风,最大风力 6 级左右,最大风速 19 m/s,平均风速 2.5 m/s。库区在汛期洪水涨落频繁。

4.3.1.2 地形地貌

坝址区灌河支沟河谷呈 U 字形,为冲蚀型河谷地貌,两岸地层为第四系重粉质壤土,坝址区河床宽约 150 m,河床地表覆盖物为第四系 Q_4 重粉质壤土层。

4.3.1.3 地层岩性

库区出露的地层主要为第四系(Q)地层和第三系泥岩(N)。第四系(Q)地层主要为:阶地上部多为重粉质壤土;残积坡积层分布在低山斜坡和冲沟中,主要为黏土及壤土,厚度变化较大。

4.3.1.4 地质构造

1. 地质构造

根据《河南省区域地质志》及新县幅《区域地质调查报告》,区域大地构造属北秦岭褶皱带(二级构造单元)的西峡—南湾地向斜褶皱束(三级构造单元)。水库位于秦岭—昆仑纬向复杂构造带的南亚带与新华夏系第二沉降带的交接复合部位。据区域地质分析和库区地质调查,未发现大的构造形迹及新构造运动活动的迹象,稳定性较好。

2. 地震

根据《中国地震动参数区划图》(GB 18306—2001),工程区地震动峰值加速度为0.05g,相当于地震基本烈度Ⅵ度。

4.3.1.5 水文地质条件

根据库区内地层分布情况,库区地下水类型主要为第四系潜水和基岩裂隙水,一般库区上游周边第四系潜水和地表水向地下水补给库水,下游河道内除周边第四系潜水和地表水补给地下水外,坝址区附近库水亦补给地下水。

4.3.2 坝体及坝基质量

第①层坝体填土为重粉质壤土压实,褐黄、黄褐色,硬塑状,土质不均一,含少量中、轻粉质壤土,偶见砾石。天然干密度平均值1.43 g/cm^3。根据现场注水试验成果,坝体填土渗透系数范围值为$5.2\times10^{-5}\sim1.3\times10^{-4}$ cm/s。

坝基主要为第四系重粉质壤土。

第②层重粉质壤土天然干密度平均值1.58 g/cm^3。根据室内试验和现场注水试验成果,渗透系数范围值为$1.5\times10^{-5}\sim5.3\times10^{-5}$ cm/s。

第③层重粉质壤土天然干密度平均值1.55 g/cm^3。根据室内试验和现场注水试验成果,第③层重粉质壤土渗透系数范围值为$1.4\times10^{-5}\sim6.5\times10^{-5}$ cm/s。

4.3.3 工程结论与建议

通过勘察,水库坝址区工程水文地质条件已经查明:

(1)水库位于距离商城县城北部约29 km的鄢岗镇境内,坝址处在淮河水系白露河支沟上。

(2)坝体为第四系重粉质壤土,坝体填土压实不均,质量一般,不满足防渗要求。坝基地层岩性主要为第四系重粉质壤土。

(3)溢洪道岩性为第四系重粉质壤土,存在边坡稳定和抗冲刷问题。输水洞位于大坝右侧,为斜卧管形式,全长约20 m,主要位于坝体填土中。

(4)地表水水化学类型为HCO_3-Ca·(K+Na)·Mg型,场区地表水对混凝土和钢筋混凝土结构中钢筋无腐蚀性,对钢结构具弱腐蚀性。

(5)场区地震动峰值加速度为0.05g,相当于地震基本烈度Ⅵ度。

(6)工程所需天然建筑材料主要分为砂砾料、块石料。砂料拟采用商城县灌河砂场的砂,距工程场区约21 km。砾料、块石料拟采用汪岗乡桃行料场,距工程场区约14 km。各土层及岩层参数推荐值见表4-6和表4-7。

表 4-6　各土层及岩层的物理性质指标建议值

土体单元	时代成因	地层岩性	物理性质							
			天然含水量 ω/%	天然干密度 ρ_d/(g/cm³)	比重 G_s	天然孔隙比 e	液限 W_L/%	塑限 W_P/%	塑性指数 I_p	液性指数 I_L
①	Q^s	坝体填土	18.3	1.43	2.71	0.954	32.1	19.9	12.2	-0.39
②	Q^4	重粉质壤土	23.9	1.58	2.72	0.873	37.1	22.0	15.1	0.13
③	Q^3	重粉质壤土	23.7	1.55	2.72	0.792	37.7	22.3	15.4	0.11

表 4-7　各土层及岩层的力学性质及渗透性指标建议值

土体单元	时代成因	地层岩性	力学性质						土、岩体的渗透性	
			压缩系数 a_{1-2}/MPa⁻¹	压缩模量 E_s/MPa	饱和快剪试验		饱和固结快剪试验			
					凝聚力 c/kPa	内摩擦角 φ/(°)	凝聚力 c/kPa	内摩擦角 φ/(°)	渗透系数 K/(cm/s)	透水率/Lu
①	Q^s	坝体填土	0.29	6.57	16.0	12.0	39.5	13.0	1.3×10^{-4}	
②	Q^4	重粉质壤土	0.35	9.673	26.0	11.3	22.6	15.1	5.3×10^{-5}	
③	Q^3	重粉质壤土	0.47	8.089	27.0	12.0	25.0	39.0	6.5×10^{-5}	

4.4　工程除险加固任务

4.4.1　除险加固的必要性

水库位于商城县鄢岗镇境内,距离县城约 29 km,坝址处在淮河水系白露河支沟上,是一座以防洪、灌溉为主,结合水产养殖等综合利用的小(2)型水库。水库下游保护区内有 0.18 万人、400 亩农田,水库的地理位置重要。水库一旦失事,将对下游造成较大损失。因此,水库除险加固是必要的。

4.4.2　水库加固任务

本次除险加固主要任务如下：

(1)大坝工程：坝顶新建防浪墙；上游坝坡培修、混凝土护坡；下游坡面整修、草皮护坡，新建贴坡排水；坝顶泥结碎石路面等。

(2)溢洪道工程：进口段扩挖护砌；控制段箱涵拆除重建；泄槽段整修护砌；新建消力池。

(3)输水洞工程：右岸输水洞进出口拆除重建，左岸输水洞封堵等。

(4)完善大坝观测及管理设施，白蚁治理等。

4.4.3　防洪标准

水库为小(2)型水库，根据《防洪标准》(GB 50201—1994)和《水利水电工程等级划分及洪水标准》(SL 252—2000)(此规范现已作废，最新为 SL 252—2017，下同)，水库工程等别为Ⅴ等，主要建筑物级别为5级。

本水库位于平原地区，大坝为均质坝，根据《水利水电工程等级划分及洪水标准》(SL 252—2000)，水库设计洪水标准为10~20年一遇(重现期)，校核洪水标准为20~50年一遇(重现期)，由于水库处于平原地区，且地理位置重要，本水库防洪标准采用10年一遇设计，50年一遇校核。

4.4.4　加固规划与工程规模

4.4.4.1　加固规划原则

水库运行50年来，在社会、经济、环境等方面已发挥了显著的效益。根据该水库原来的设计、施工、地形及工程地质等方面的条件，除险加固规划拟遵循以下几条原则：

(1)根据《水库大坝安全评价报告》和《水库大坝安全鉴定报告书》水库，按照现行规程规范，对主要建筑物的“病”予以处理，确保水库安全，使水库能够正常运行，充分发挥水库的综合效益。

(2)水库的兴利任务不变。

(3)根据现有建筑物的原设计条件、工程地质现状、水库运行几十年来的情况及当前科技进步的条件，提出合理除险加固方案。

(4)不增加新的移民安置任务。

(5)加固工程的施工尽量减少对水库的正常运行影响，并确保施工安全。

(6)加固措施的选择要慎重考虑原建筑物设计的实际情况，进行加固改造。

(7)加固方案选择要做到技术先进、经济合理、安全可靠且有利于工程的管理。

4.4.4.2　加固规划设计

由调洪复核知，现状水库校核洪水位高于现状坝顶高程108.0 m，大坝不满足防洪要求。对本水库而言，为了不减小现有兴利库容，溢洪道底高程106.0 m保持不变，因此采用拓宽溢洪道宽度和增设防浪墙等措施来满足防洪要求。扩宽溢洪道底宽，暂选宽度为2 m、3 m、8 m和14 m四种方案。

各方案结果见表4-8。

表4-8 各方案结果

序号	重现期	溢洪道底高程/m	溢洪道宽度/m	最高水位/m
方案一	50	106.0	2.0	107.81
方案二	50	106.0	3.0	107.60
方案三	50	106.0	8.0	107.07
方案四	50	106.0	14.0	106.80

由表4-8结果可知,溢洪道宽度对水位影响较小,结合现状溢洪道地形及开挖量,最终选取方案二,即溢洪道底高程106.0 m,溢洪道宽度为3.0 m,具体计算过程如下。

除险加固后,水库的来水过程、水库调度运用方式不变,但水库的泄流能力及调洪演算成果将改变。

1. 库容曲线

水库除险加固后库容曲线不变。

2. 设计调洪复核

1)洪水调节计算原理

洪水调节计算原理不变。

2)水库调度运用方式

本次除险加固后水库调度运用方式为:正常蓄水位106.00 m,当水位高于106.00 m时,溢洪道自由泄流。

3)加固后泄流曲线

采用以下公式推算库水位与泄流量关系:

$$Q = \delta_c mB\sqrt{2g}H_0^{3/2} \tag{4-8}$$

式中:Q为溢洪道流量,m^3/s;δ_c为侧收缩系数,取1;m为流量系数,取0.36;B为溢洪道底宽,取3.0 m;H_0为计入行近流速水头的堰顶水头。

根据以上公式及选取的参数,计算出水库溢洪道水位与泄流量关系线,见表4-9。

表4-9 水库溢洪道水位与泄流量关系

库水位 H/m	溢洪道泄量/(m^3/s)	库水位 H/m	溢洪道泄量/(m^3/s)
106.00	0	107.20	6.29
106.30	0.79	107.50	8.78
106.60	2.22	107.80	29.55
106.90	4.08	108.00	13.52

3. 调洪成果

采用简化三角形法推算不同频率的最高库水位、最大泄流量和相应库容。根据水库库容曲线、加固后溢洪道泄流曲线，结合各频率设计洪水过程线、水库调度运用方式进行调洪演算，水库加固后洪水调节计算成果见表4-10。

表4-10　水库加固方案洪水调节成果

重现期/年	入库洪峰流量/(m^3/s)	最大下泄流量/(m^3/s)	最高水位/m	相应库容/万 m^3
10	14.18	5.70	107.12	16.01
20	17.22	7.30	107.33	17.15
50	21.16	9.71	107.60	19.15

4.5　工程总布置及主要建筑物

4.5.1　设计标准和设计依据

4.5.1.1　工程等级和设计标准

水库总库容19.15万 m^3，根据《防洪标准》(GB 50201—1994)和《水利水电工程等级划分及洪水标准》(SL 252—2000)，水库工程等别为Ⅴ等，主要建筑物级别为5级。

水库防洪标准为10年一遇洪水设计，50年一遇洪水校核，泄水建筑物消能标准为10年一遇洪水设计。

4.5.1.2　设计基本资料

根据水库所在地气象资料，正常运用条件下，采用多年平均最大风速的1.5倍，取22.5 m/s。非常运用条件下，采用多年平均最大风速15.0 m/s。

依据《中国地震动参数区划图》(GB 18306—2001)，坝区地震动峰值加速度值为0.05g，相当于地震基本烈度Ⅵ度。根据规范要求，不进行抗震计算。

根据《小型水利水电工程碾压式土石坝设计导则》(SL 189—1996)(此规范现已作废，最新为SL 189—2013，下同)，按5级建筑物进行坝坡稳定计算，坝坡抗滑稳定最小安全系数正常运用条件[K]=1.15，非常运用条件[K]=1.05。

4.5.2　除险加固方案比选

经复核，水库现状防洪能力不满足防洪要求，可采取增加坝高和加大泄量的方式满足防洪要求。

加大泄量主要有两种方式：降低溢洪道底高程或扩宽溢洪道。降低溢洪道底高程减小水库兴利库容，影响水库效益；根据现状调洪结果，校核洪水位高于现状坝顶高程，故需采用扩宽溢洪道的方式降低洪水水位。根据溢洪道取不同宽度时的调洪结果，溢洪道宽度对降低洪水水位不明显，当溢洪道扩至14 m时可满足防洪要求，故单纯扩宽溢洪道工程量较大，投资高。

增加坝高可加高坝体或新建防浪墙，加高坝体工程量较大，上游淤积严重，为了满足上游培坡需要,淤积开挖量大,经济性差。下游培厚涉及工程永久占地问题;新建防浪墙投资少,施工方便。

综合以上方案,为保证水库水位满足要求,结合水库调洪结果,考虑溢洪道扩宽工程量及投资,将溢洪道扩宽至 3 m,坝顶新建防浪墙。

4.5.3　大坝加固工程

4.5.3.1　大坝工程现状及存在问题

1. 大坝工程现状

大坝为均质坝,坝顶高程 107.5~108.3 m,最大坝高 3.92 m,坝长 160 m,坝顶宽 3.0 m;坝顶为土路,坑洼不平,杂草丛生;上游坝坡无护砌;上游坝坡不规整,坡比依次为 1:0.8、1:1.8;下游坝坡不规则,杂草丛生,坡比依次为 1:2.6、1:1;大坝下游无排水体。

安全评价结论:

(1)水库位于距离商城县城北部约 29 km 的鄢岗镇境内,坝址处在淮河水系白露河支沟上,是一座以防洪、灌溉为主,结合水产养殖等综合利用的小(2)型水库。

(2)水库防洪能力不满足国家《防洪标准》(GB 50201—1994)的要求,水库防洪安全性为 C 级。

(3)坝体填筑质量差,坝顶路面坑洼不平,工程质量不合格。

(4)大坝上游坝坡抗滑稳定安全系数不满足相关规范要求,结构安全性为 C 级。

(5)大坝无排水体,渗流安全性为 B 级。

(6)根据《中国地震动参数区划图》(GB 18306—2001),工程区地震动峰值加速度 0.05g,相应地震基本烈度Ⅵ度,可不进行抗震复核。

(7)无管理观测设施,综合运行管理评价为差。

2. 大坝存在问题

大坝存在的主要问题有:

(1)水库防洪能力不满足相关规范要求,坝顶高程不够。

(2)上游坝坡未护砌,上游坝坡抗滑稳定安全系数不满足相关规范要求。

(3)坝顶为土路面,坑洼不平。

(4)下游坝坡不规则,杂草丛生;大坝无排水体。

(5)坝体存在白蚁危害。

(6)无管理观测设施。

4.5.3.2　加固前大坝渗透稳定复核

大坝渗流采用有限元法计算;计算断面选取大坝主河槽段最大坝高断面(桩号 0+080)。

1. 计算原理及基本参数

1)计算原理

采用有限元分析法求解渗流场。稳定渗流方程为:

$$k\left(\frac{\partial^2\phi}{\partial x^2}+\frac{\partial^2\phi}{\partial y^2}\right)=0 \tag{4-9}$$

式中：k 为土的渗透系数；ϕ 为势函数，$\phi=(P/\gamma_w)+\gamma$，γ_w 为水的容重，γ 为土体容重，P 为水压力。渗流稳定按有限深透水地基上的均质土坝计算。

2）计算工况

由于现状淤积严重，死水位低于淤积高程，1/3坝高水位与兴利水位基本持平，根据《小型水利水电工程碾压式土石坝设计导则》（SL 189—1996），坝体渗流计算工况为：①兴利水位；②校核水位。

3）计算参数

不同岩层渗透系数如下：

坝体填土：$k=1.4\times10^{-4}$ cm/s；重粉质壤土：$k=5.3\times10^{-5}$ cm/s。

2. 计算结果

按照《碾压式土石坝设计规范》（SL 274—2001）（此规范现已作废，最新为SL 274—2020，下同）规定，允许渗透坡降：

$$[J]=(G_s-1)(1-n)/K \tag{4-10}$$

式中：G_s 为表层土的土粒比重；n 为表层土的孔隙率；K 为安全系数，取1.5~2，此次取2。

坝体填土：

$$G_s=2.71, e=0.954, n=e/(1+e)=0.488$$

$$[J]=(2.71-1)\times(1-0.488)/1.5=0.584$$

其他土层允许渗透比降见表4-11。

各工况下，大坝下游现状渗流计算成果汇总于表4-11中。

表4-11　大坝下游现状渗透计算成果（桩号0+080）

计算工况	位置	渗透坡降		出逸点高程/m	单宽渗透量/[m³/(s·m)]
		计算值	允许值		
兴利水位	坝体填土	0.47	0.584	105.23	0.020
校核水位	坝体填土	0.54	0.584	105.31	0.120

3. 渗透稳定分析结论

由表4-11中的计算成果可以看出，坝体渗透坡降满足规范要求。

4.5.3.3　加固前大坝稳定复核

1. 大坝坝坡稳定复核

1）断面选取

根据坝高、坝体结构和地基情况，选取主河槽处最大坝高断面计算（桩号0+080）。

2）筑坝土料物理力学性质

根据《商城县霸子塘水库除险加固工程初步设计阶段工程地质勘察报告》，大坝稳定分析采用的物理力学指标见表4-12。

表 4-12　坝工计算土体参数

土层	比重 G_s	孔隙比 e	天然密度/(t/m^3)	饱和密度/(t/m^3)	渗透系数/(cm/s)	原状土快剪		饱和固结快剪	
						c/kPa	φ/(°)	c/kPa	φ/(°)
①层坝体填土	2.71	0.954	1.43	1.88	1.4×10^{-4}	16	12	14.5	13
②层重粉质壤土	2.72	0.873	1.55	1.92	5.3×10^{-5}	26	29.3	22.6	15.1

3)稳定计算方法

依据《小型水利水电工程碾压式土石坝设计导则》(SL 189—1996),坝坡稳定采用瑞典圆弧法。

4)边坡稳定计算工况

由于现状淤积严重,死水位低于淤积高程, 1/3 坝高与兴利水位基本持平;现状校核水位高于现状坝顶高程,稳定分析计算工况分为以下几种:

(1)上游坝坡正常工况。稳定渗流期(兴利水位,下游无水)。

(2)下游坝坡正常工况。稳定渗流期(兴利水位,下游无水)。

2. 现状坝坡稳定计算成果分析

计算成果列于表 4-13。

表 4-13　大坝现状稳定安全系数计算成果(桩号 0+080)

坝坡	工况	分析条件	计算安全系数	规范允许安全系数
上游坡	正常	兴利水位稳定渗流期	1.141	1.15
下游坡	正常	兴利水位稳定渗流期	1.27	1.15

从表 4-13 中可以看出,在各种特征水位运行工况下,大坝上游坝坡抗滑稳定安全系数不满足规范要求,下游坝坡抗滑稳定安全系数满足规范要求。

4.5.3.4　加固前大坝变形复核

经过多年运行,大坝坝体沉降和水平位移基本趋于稳定,经现场检查未见异常现象。

4.5.3.5　大坝加固措施

1. 大坝加固内容

大坝加固内容包括新建防浪墙、上游坝坡放缓后采用 C20 混凝土护坡、坝顶新建泥结碎石路面、下游新建草皮护坡及贴坡排水、白蚁治理工程、管理观测设施工程等。

2. 护坡材料比选

本阶段对现浇混凝土板、干砌块石两种材料进行方案比选。

1)现浇混凝土板

规范规定,对具有明缝的混凝土护坡板,板在浮力作用下稳定的面板厚度可按下式计算:

$$t = 0.07\eta h_p \sqrt[3]{\frac{L_m}{b}} \frac{\rho_w}{\rho_c - \rho_w} \frac{\sqrt{m^2 + 1}}{m} \tag{4-11}$$

式中：η 为系数，对整体式大块护面板取 1.0，对装配式护面板取 1.1；h_p 为累积频率为 1% 的波高，m；b 为沿坝坡向板长，m；ρ_c 为板的容重，kN/m³，取 24。

现浇混凝土板计算结果见表 4-14。

表 4-14　现浇混凝土板计算成果

序号	板边长/m	混凝土板厚度/m	每板体积/(m³/块)	每板块重/(kg/块)
1	1×1	0.044	0.031	7.9
2	2×2	0.035	0.097	23.8
3	3×3	0.028	0.191	46.7

由于坝高较低，上游坝坡较短，考虑施工措施，选用 3.5 cm 厚、边长为 2 m×2 m 的现浇混凝土板可满足规范要求，厚度较薄的混凝土板容易产生裂缝，故本次采用 14 cm 厚、2 m×2 m 的现浇混凝土板。

2）干砌块石

块石护砌厚度计算依据《碾压式土石坝设计规范》(SL 274—2001)，波浪的平均波高和平均波周期采用莆田试验站公式，波高的累计频率为 5%。块石护坡计算成果见表 4-15。

表 4-15　大坝块石护坡计算成果

水位/m	风速 v/(m/s)	吹程 D/km	累计频率/%	波高 h_p/m	护坡计算厚度/m	护坡采用厚度/m
107.12	22.5	0.15	5	0.139	0.10	0.3

3）材料比选

根据计算结果，选 14 cm 厚、边长为 2 m×2 m 的现浇混凝土板与 30 cm 厚的干砌块石两种材料进行比较，其不同材料造价比较成果见表 4-16。

表 4-16　不同护坡材料造价比较

材料及施工方法	板形状	板边长/(m×m)	护坡厚/m	工程量/m²	造价/万元
现浇混凝土板	正方形	2×2	0.14	191.5	6.1
干砌块石			0.30	410.4	5.3

从表 4-16 中可以看出：干砌块石较为便宜，但工程所在地附近无石料场，受封山育林影响，石料不易开采，且人工费用高；现浇混凝土板护坡方案总造价略高于块石护坡，但施工简单，质量易保证，工期短、维修管理方便。综合比较后，推荐现浇混凝土板为上游护坡

材料。

3. 大坝加固设计

1) 坝顶改造

坝顶新建 0.2 m 厚泥结碎石路面,坝顶宽 3.0 m,坝顶路面按 $i=2\%$ 向下游倾斜。坝顶上游侧新建 C20 防浪墙,顶高程为 108.45 m,防浪墙总长为 222 m,左右岸均与坝肩顺接,右岸在溢洪道处断开;下游侧新建路缘石,在下游横向及岸坡排水沟处断开。

2) 上游坝坡工程

清除上游坝坡杂草,上游坝坡培厚,分层填筑,压实度不小于 0.96,坡比为 1∶2.0;考虑水库淤积及死水位高程,为保证上游护坡稳定,清理上游坝脚淤泥,护坡齿墙基础深入重粉质壤土内,且输水洞取水口高程为 104.08 m,故上游坝坡自 104.08 m 至坝顶,采用现浇混凝土板进行护砌,尺寸为 2 m×2 m,厚 14 cm,板与板间设 150 mm 宽无砂混凝土排水带,无砂混凝土排水带下设土工布,土工布宽 50 cm。混凝土板下铺设碎石垫层厚 10 cm;岸坡及基础采用 C20 混凝土齿墙,尺寸为 0.3 m×0.5 m,每隔 9 m 设伸缩缝;桩号 B0+084 处增设 C20 混凝土踏步。

3) 下游坝坡工程

清除下游坝坡表层杂草、灌木,规整后坡比为 1∶2.5;下游坝坡草皮护坡;下游坝坡增设 C20 混凝土踏步及排水沟;新建贴坡排水,坝顶高程为 106.75 m,坡脚设导渗沟。

4) 白蚁治理

水库在运用中,曾经发现有白蚁出现。目前,白蚁治理的方法主要有物理机械防治法、化学防治法、植物杀虫剂、灌浆法、设置毒土层法。

结合水库加固工程,首先将蚂蚁巢穴挖除并捕杀蚁后;然后铲除现有下游坝坡的草皮护坡,对坝坡进行清基,清基厚度 0.3 m;再对坝坡进行重新整坡,并在表面重新铺筑一层全封闭的毒土层,毒土层厚 0.3 m,在填筑土料内浇洒氯丹乳液(氯丹乳剂加水 100 倍),每立方米回填土用乳液 10 kg,耙匀后培坡夯实,并沿岸坡排水沟设置一道毒土隔离带,隔离带宽 30 cm、深 70 cm。

5) 管理、观测设施

新建大坝观测设施,增加变形观测点 1 个,工作基点 2 个,上游踏步旁设水尺;新建管理房 50 m^2。

4.5.3.6 加固后大坝渗透稳定、坝坡稳定计算

1. 大坝渗透稳定计算

加固前渗透稳定满足规范要求,不再计算。

2. 坝坡稳定计算

计算参数及方法同加固前。

3. 边坡稳定计算工况

稳定分析计算工况分为以下几种:

(1) 上游坝坡正常工况。稳定渗流期(兴利水位,下游无水)。

(2) 下游坝坡正常工况。稳定渗流期(兴利水位,下游无水)。

4. 加固后坝坡稳定计算成果分析

大坝加固后稳定安全系数计算成果列于表 4-17。

表 4-17　大坝加固后稳定安全系数计算成果(桩号 0+080)

坝坡	工况	分析条件	计算安全系数	规范允许安全系数
上游坡	正常	兴利水位稳定渗流期	2.297	1.15
	非常	校核水位突降至兴利水位	2.148	1.05
下游坡	正常	兴利水位稳定渗流期	2.761	1.15
	正常	校核水位稳定渗流期	2.782	1.15

由表 4-17 可以看出,在各种特征水位运行工况下,大坝上、下游坝坡抗滑稳定安全系数均满足规范要求。

4.5.4　溢洪道加固工程

4.5.4.1　溢洪道现状及问题

溢洪道位于左岸,为开敞式,由进口段、控制段、泄槽段组成,溢洪道控制端段为箱涵,底高程 106.0 m,底宽 1 m。溢洪道进口段淤积严重,杂草丛生;控制段箱涵内淤积,混凝土箱涵结构局部开裂;泄槽段杂草丛生,岸坡不规则。

安全评价结论:溢洪道淤积严重,控制段现状箱涵局部开裂,泄槽段岸坡不规则,无消能设施,溢洪道安全性能为 C 级。

4.5.4.2　溢洪道水力学计算

根据溢洪道水位与泄流量关系可知,校核洪水位对应的最大泄量为 9.71 m^3/s,故加固后溢洪道满足泄洪能力要求。

4.5.4.3　溢洪道结构计算

溢洪道地基为第四系重粉质壤土。本次溢洪道新建 C20 混凝土挡土墙。挡土墙稳定复核如下。

1. 挡土墙基底应力计算

挡土墙基底应力计算公式按下式计算:

$$P_{\min}^{\max} = \frac{\sum G}{A} \pm \frac{\sum M}{W} \tag{4-12}$$

式中:$P_{\min}^{\max}$ 分别为挡土墙基底应力的最大值或最小值,kPa;$\sum G$ 为作用在挡土墙上全部垂直于水平面的荷载,kN;$\sum M$ 为作用在挡土墙上的全部荷载对水平面前墙墙面方向形心轴的力矩之和,kN·m;A 为挡土墙基底面积,m^2;W 为挡土墙基底面对于基底面平行前墙墙面方向形心轴的截面矩,m^3。

2. 抗滑稳定性

抗滑稳定安全系数按以下公式计算:

$$K_c = \frac{f \sum G}{\sum H} \tag{4-13}$$

式中:K_c 为挡土墙沿基底面的抗滑稳定安全系数;f 为挡土墙基底面与地基之间的摩擦系数;$\sum G$ 为作用在挡土墙上全部垂直于水平面的荷载,kN;$\sum H$ 为作用在挡土墙上全部平行于水平面的荷载,kN。

3. 抗倾覆稳定性

抗倾覆稳定安全系数按以下公式计算:

$$K_0 = \frac{\sum M_V}{\sum M_H} \tag{4-14}$$

式中:K_0 为挡土墙抗倾覆稳定安全系数;$\sum M_V$ 为对挡土墙基底前趾的抗倾覆力矩,kN · m;$\sum M_H$ 为对挡土墙基底前趾的抗倾覆力矩,kN · m。

计算结果见表 4-18。

表 4-18 挡土墙稳定计算成果

计算项目	抗滑稳定安全系数		抗倾覆稳定安全系数		地基承载力/kPa		
	K_c	$[K_c]$	K_0	$[K_0]$	σ_{min}	σ_{max}	$[\sigma]$
完建期	2.1	1.2	3.8	1.4	41.1	64.4	140
墙后有水	1.42	1.2	2.42	1.4	49.5	75.3	140

由表 4-18 的计算结果可以看出,挡土墙抗滑稳定安全系数、抗倾覆稳定安全系数和地基承载力均满足要求,本次设计挡土墙是稳定的。

4.5.4.4 消力池设计

消力池深、长按下式计算:

$$E_O = h'_c + \frac{\alpha q^2}{2g\psi'\psi h_c'^2} \tag{4-15}$$

$$h''_c = \frac{h'_c}{2}(\sqrt{1 + 8Fr^2} - 1) \tag{4-16}$$

$$d = \sigma h_2 - h_t - \Delta Z \tag{4-17}$$

$$\Delta Z = \frac{Q^2}{2gb^2}\left(\frac{1}{\phi^2 h_t^2} - \frac{1}{\sigma^2 h_2^2}\right) \tag{4-18}$$

$$L = 6.9 \times (h''_c - h'_c) \tag{4-19}$$

$$L_K = \beta \times L \tag{4-20}$$

式中:h'_c为收缩断面水深,m;h''_c为水跃共轭水深,m;Fr 为弗劳德数;d 为消力池深,m;L 为水跃长度,m;ψ 为泄流流速系数;ψ' 为水跃后流速系数;β 为水跃长度校正系数。

经计算,消力池计算最大深度为 0.57 m,池长为 7.62 m。故设计消力池深取 0.6 m、长取7.7 m。

4.5.4.5 溢洪道加固设计

加固后溢洪道由进口段、控制段、消力池及海漫段组成。溢洪道为开敞式,控制段堰顶高程106.0 m,堰宽3 m,矩形断面。

Y0+000~Y0+038.25段为进口段,其中Y0+000~Y0+030.75段底部疏挖,两岸边坡规整;Y0+030.75~Y0+038.25段底部为C20混凝土护砌,两岸新建重力式混凝土挡墙。

Y0+038.25~Y0+041.75段为控制段,过水箱涵拆除重建,长3.5 m、底宽3.0 m,采用C25钢筋混凝土,顶部铺设C15混凝土铺装层厚50 mm,箱涵顶高程为108.35 m,底部设C15混凝土垫层厚100 mm;箱涵顶与现状上坝路顺接。

Y0+041.75~Y0+46.55段为连接段,底部C20混凝土护砌,两岸新建混凝土挡墙。

新建混凝土消力池长7.7 m、深0.6 m,新建M7.5浆砌石海漫长17 m。

4.5.5 输水洞加固工程

4.5.5.1 工程现状及问题

输水洞位于大坝右岸,现状启闭塔结构老化、损坏,无法正常运行;放水管出口损坏、出水不畅。右岸输水洞启闭塔损坏、出口损坏,左岸输水洞已废弃,输水洞结构安全性综合评定为C级。

4.5.5.2 工程地质条件

输水洞位于大坝右岸,进口为启闭塔,位于重粉质壤土上,洞身段主要位于坝体填土中。

4.5.5.3 输水洞加固设计

水库输水洞加固方案为:保留原洞身段,直径300 mm,进口启闭塔拆除重建。出口拆除重建。

输水洞进水口分为三部分:进口段、控制段及工作桥。进口段底高程为104.08 m,两岸为混凝土“八”字形翼墙;启闭塔基础采用C25钢筋混凝土结构,闸门为铸铁闸门,尺寸为1 m×1 m,输水洞直径为4 m,与现状洞身段套接。通气管采用直径为150 mm的PVC管;启闭室内设置1台3 t螺杆启闭机,工作桥连接启闭操作室和坝顶,桥板采用钢筋混凝土结构。输水洞直进口段前疏挖至设计底高程104.08 m,便于取水。

4.5.5.4 输水建筑物过流能力校核

按照工程规划任务,输水建筑物输水能力为0.15 m^3/s。

本工程进水口为塔式,设置平板闸门,计算其过流能力时考虑到水库所在流域多年平均径流量较小,大坝运行中可能会长期处于低水位运行状态,因此水力计算时,只是将兴利水位作为一种工况考虑,但不作为控制工况,而将水位位于死水位以上1 m(105.08 m)时作为设计控制工况。

水力计算时,进水口按照闸孔出流进行计算。计算公式如下:

$$Q = \mu be\sqrt{2gH} \tag{4-21}$$

式中:u为流量系数,$u = 0.60 - 0.176\dfrac{e}{H}$;$b$为过流断面宽度;$e$为闸门开度;$H$为闸门前

水头;g 为重力加速度,取 9.8 m/s^2。

由于大坝长期处于低水位运行,现对不同水位工况下的进水口过流能力进行校核,校核结果见表 4-19、表 4-20。

表 4-19　正常蓄水位(106.00 m)、不同开度过流能力成果

Q/m^3	b/m	e	H/m	μ
0.144 979	0.4	0.1	1.92	0.590 833
0.285 458	0.4	0.2	1.92	0.581 667
0.421 440	0.4	0.3	1.92	0.572 5
0.552 922	0.4	0.4	1.92	0.563 333
0.679 906	0.4	0.5	1.92	0.554 167
0.802 392	0.4	0.6	1.92	0.545
0.920 378	0.4	0.7	1.92	0.535 833
1.033 866	0.4	0.8	1.92	0.526 667
1.142 856	0.4	0.9	1.92	0.517 5
1.247 347	0.4	1.0	1.92	0.508 333

表 4-20　死水位以上 1 m(105.08 m)、不同开度过流能力成果

Q/m^3	b/m	e	H/m	μ
0.103 136	0.4	0.1	1	0.582 4
0.200 038	0.4	0.2	1	0.564 8
0.290 707	0.4	0.3	1	0.547 2
0.375 142	0.4	0.4	1	0.529 6
0.453 344	0.4	0.5	1	0.512
0.525 313	0.4	0.6	1	0.494 4
0.591 047	0.4	0.7	1	0.476 8
0.650 549	0.4	0.8	1	0.459 2
0.703 817	0.4	0.9	1	0.441 6
0.750 851	0.4	1.0	1	0.424

通过表 4-19、表 4-20 可看出:在兴利水位时,进水口的过流能力远大于所需流量,考虑大坝实际运行情况,将水位位于死水位以上 1 m(105.08 m)作为控制工况进行设计。

由表 4-19、表 4-20 可以看出,满足过流要求。

4.5.6　主要工程量汇总

主要工程量汇总见表 4-21。

表 4-21　主要工程量汇总

编号	工程或费用名称	单位	数量
	建筑工程		
一	大坝工程		
1	上游坝坡工程		
	坝坡清理(30 cm)	m^3	410.33
	坝坡土方开挖	m^3	271.10
	坝坡土方回填	m^3	822.40
	坝坡土方外运回填	m^3	880.41
	踏步土方开挖	m^3	4.78
	踏步土方回填	m^3	0.90
	碎石垫层(10 cm)	m^3	136.77
	C20 混凝土护坡(14 cm)	m^3	191.49
	C15 无砂混凝土排水带	m^3	28.73
	C20 混凝土齿槽	m^3	40.71
	C20 混凝土踏步及路缘石	m^3	2.49
	模板制作安装	m^2	704.06
	土工布	m^2	683.89
2	坝顶工程		
	坝坡清理(30 cm)	m^3	151.04
	坝顶土方回填	m^3	103.79
	场地平整	m^2	313.11
	泥结碎石路面(厚 20 cm)	m^2	313.11
	防浪墙土方开挖(坝体填土)	m^3	17.45
	防浪墙土方回填(坝体填土)	m^3	9.20
	C20 混凝土防浪墙	m^3	89.63

续表 4-21

编号	工程或费用名称	单位	数量
	模板制作安装	m^2	268.88
	成品混凝土路缘石	m	222.34
3	下游坝坡加固工程		
	坝坡清理(30 cm)	m^3	397.80
	下游土方开挖	m^3	78.12
	下游坝坡土方回填	m^3	120.10
	排水沟及踏步土方开挖	m^3	23.17
	排水沟及踏步土方回填	m^3	8.96
	C20 混凝土排水沟	m^3	7.19
	C20 混凝土踏步	m^3	0.61
	C20 混凝土路缘石	m^3	0.15
	模板制作安装	m^2	23.85
	植草护坡	m^2	1 262.86
4	贴坡排水		
	贴坡土方开挖	m^3	88.89
	贴坡土方回填	m^3	102.19
	贴坡排水干砌石	m^3	244.40
	贴坡排水碎石	m^3	122.20
	贴坡排水粗砂	m^3	122.20
	导渗沟土方开挖	m^3	181.92
	导渗沟土方回填	m^3	141.50
	导渗沟干砌石	m^3	44.76
	导渗沟浆砌石	m^3	44.76
5	白蚁治理		
	挖除蚁巢	个	18.00
	药物灌浆	m	56.00
	毒土隔离带	m	26.27
	地表施药	m^2	1 262.86

续表 4-21

编号	工程或费用名称	单位	数量
	药物诱杀	个	10.00
二	溢洪道工程		
1	进口段		
	土方开挖	m^3	326.05
	土方回填	m^3	34.71
	底部疏挖(重粉质壤土)	m^3	25.57
	C20 混凝土护坡	m^3	24.71
	C20 混凝土护底	m^3	7.62
	模板工程	m^2	96.99
	DN100 PVC 管	m	9.78
	砂石反滤料填充	m^3	1.34
2	控制段		
	土方开挖	m^3	25.22
	土方回填	m^3	27.32
	C25 钢筋混凝土箱涵	m^3	27.02
	C25 钢筋混凝土路缘石	m^3	0.24
	C15 混凝土铺装层	m^3	0.64
	C15 混凝土垫层	m^3	1.53
	模板工程	m^2	88.29
	钢筋制作安装	t	2.18
3	消力池段		
	土方开挖	m^3	219.45
	土方回填	m^3	37.80
	C20 混凝土挡墙	m^3	29.96
	C20 混凝土护底	m^3	11.67
	模板工程	m^2	124.87
	DN100 PVC 管	m	25.99
	砂石反滤料	m^3	3.58

续表 4-21

编号	工程或费用名称	单位	数量
4	海漫段		
	土方开挖	m^3	98.42
	M7.5 浆砌石护底	m^3	29.16
三	输水洞工程		
1	进口启闭塔		
	土方开挖	m^3	315.00
	土方回填	m^3	18.73
	引水渠 C20 混凝土挡墙	m^3	8.40
	引水渠 C20 混凝土护底	m^3	2.36
	引水渠 C10 混凝土垫层	m^3	3.33
	C25 现浇钢筋混凝土闸室基础	m^3	22.13
	直径 400 mm 钢筋混凝土管安装	m	2.10
	C20 素混凝土截水墙	m^3	1.07
	栏杆	m	5.46
	C25 钢筋混凝土结构柱	m^3	0.59
	C25 钢筋混凝土梁	m^3	9.24
	浆砌石桥墩	m^3	1.70
	操作室	m^2	7.29
	C25 钢筋启闭机梁	m^3	0.34
	PVC 直径 50 mm 通气管及安装	m	3.78
	钢筋制作安装	t	2.58
	模板工程	m^2	189.84
2	出口拆除重建		
	原出口浆砌石拆除	m^3	6.30
	土方开挖	m^3	8.40
	土方回填	m^3	3.15
	C10 混凝土垫层	m^3	0.42
	C20 钢筋混凝土	m^3	1.47

续表 4-21

编号	工程或费用名称	单位	数量
	钢筋制作安装	t	0.12
	模板工程	m^2	5.67
3	左岸输水洞封堵工程		
	土方开挖	m^3	36.75
	土方回填	m^3	31.50
	C20 混凝土	m^3	5.25
	模板工程	m^2	15.75
四	其他		
	新建管理房	m^2	50.00
	变形观测基准点	个	1.00
	标识牌	个	1.00
	水尺	m	4.00

思考题

1. 水库除险加固设计内容包括哪些?
2. 霸子塘水库加固任务有哪些?
3. 简述霸子塘水库加固规划原则。

附　录　思考题参考答案

第1章

第1题

径流:是指沿地表或地下运动汇入河网向流域出口断面汇集的水流。

根据运动场所划分:沿地表运动的水流为地表径流,在土壤中的相对不透水层上运动的水流为壤中流;沿地下岩土空隙运动的水流称为地下径流。

根据降水的类型划分:由降雨形成的径流为降雨径流;由冰雪水融化形成的径流为融雪水径流。

第2题

降水过程线:是以时间为横坐标、降水量为纵坐标绘制成的降水量随时间变化的曲线。

第3题

水文现象:在循环过程中的存在和运动形态,如降雨、径流、河流的水情等。

水文现象的基本特征:水文现象在空间上具有地区性,水文现象在时间上具有周期性,又具有随机性,水循环永无止境。

第4题

(1)满足城市河道除涝要求,构筑起科学合理、安全可靠的防洪体系,确保河道两岸除涝安全。

(2)以科学发展观为指导思想,按生态河道的设计理念去规划设计。

(3)与本河道有关的各专项规划合理衔接,协调好道路、管网间的相关关系。

(4)确保工程设计技术可行,经济合理。

第5题

(1)中小型建设工程的选址,要考虑地质构造和地层岩性形成的土体松软和岩石破碎等地质问题对工程建设的影响和威胁。

(2)大型建设工程的选址,还要考虑区域地质构造和地质岩性形成的整体滑坡等地质问题对工程建设的影响和威胁。

(3)特殊新建项目的选址,还要考虑地震烈度,尽量避免在高地震烈度地区建设。

(4)地下工程选址,还要考虑区域稳定性的问题,应注意深大断裂构造运动强烈、工程走向与岩层走向交角太小或者近乎平行。

(5)道路选线应尽量避开断层裂谷边坡,尤其是不稳定边坡;避开岩层与坡面倾向一致的顺向坡避免裂隙发育方向平行;避免大型滑坡体、不稳定岩堆和泥石流地段及其下方。

第6题

要满足设计标准下的引排流量的要求，且能兼顾航运需求，尽可能减少征地拆迁，同时改善水环境。

第7题

设计标准：是指当发生小于或等于该标准洪水时，应保证防护对象的安全或防洪设施的正常运行。

校核标准：是指遇该标准相应的洪水时，采取非常运用措施，在保障主要防护对象和主要建筑物安全的前提下，允许次要建筑物局部或不同程度的损坏、次要防护对象受到一定的损失。

第2章

第1题

地基土的物理性质：天然含水量、天然干密度、比重、天然孔隙比、液限、塑限、塑限指数、液限指数等。

地基土的分类：土的种类繁多，作为建筑物地基的土分为岩石、碎石土、砂土、粉土、黏性土和特殊土（如淤泥、泥炭、人工填土等）。岩石可分为硬质与软质以及微风化、中风化、强风化、全风化和残积土；碎石土分为漂石、块石、软石、碎石、圆砾和角砾碎石；砂石分为砾砂、粗砂、中砂、细砂和粉砂以及密实、中密、稍密和松散砂土；黏性土可分为黏土、粉质黏土以及坚硬、硬塑、可塑、软塑和流塑等黏性土。

第2题

（1）湖体开挖平面及断面的布置要有利于水体循环和水质保护。

（2）湖体开挖深度应满足旅游船只航行对水深的要求以及防止水体发生富营养化对水深的要求。

（3）充分考虑生态环境对湖区湿地、水生植物种养等的要求，合理对其规划布置。

（4）湖体岸坡的开挖及护砌结构应与周边景观绿化紧密结合。

（5）尽量减少湖体的土方开挖量。

（6）保证上下游河道顺接。

第3题

（1）将坝的上游面做成倾斜或折坡形，利用坝面上的水重来增加的抗滑稳定，但倾斜坡度不宜过大，以防止上游坝面出现拉应力。

（2）将坝基面开挖成倾向上游的斜面，借以增加抗滑力提高稳定性。若基岩较为坚硬，也可将坝基面开挖成若干段倾向上游的斜面，形成锯齿状，以提高坝基面的抗剪断能力。

（3）利用地形、地质特点，在坝踵或坝趾设置深入基岩的齿墙，用以增加抗力从而提高稳定性。

（4）采用有效的防渗排水或抽水措施，降低扬压力。

第 4 题

地貌,即地球表面各种形态的总称,也叫地形。地表形态是多种多样的,成因也不尽相同,是内外力地质作用对地壳综合作用的结果。内力地质作用造成了地表的起伏,控制了海陆分布的轮廓及山地、高原、盆地和平原的地域配置,决定了地貌的构造格架。

地貌是自然地理环境中的一项基本要素,它与气候、水文、土壤、植被等有着密切的联系,与岩石性质和地质构造关系尤为密切。

地貌类型按其形态分类,可把大陆地貌分为山地、高原、盆地、丘陵、平原 5 种类型;海底地貌可分为大陆架、大陆坡、大洋盆地及海底山脉等。按其成因分类,地貌可分为:以内力地质作用为主形成的地貌叫构造地貌,以外力地质作用为主形成的地貌有侵蚀地貌、堆积地貌等。根据动力作用的性质,地貌又可分为河流地貌、冰川地貌、风积地貌、海岸地貌、岩溶地貌、黄土地貌等。

第 5 题

水位库容曲线是表示水库水位与其相应库容关系的曲线,它是以水位为纵坐标,以库容为横坐标绘制而成的。

第 3 章

第 1 题

根据工程总体布局及其在城市中的功能定位,生态河道的主要功能为防洪排涝、生态修复、环境供水和环境改善等。确定河道正常利用水位,需统筹考虑两岸地面高程和规划河道建筑物类型及建基面高程,同时尽量使正常水位满足亲水活动需要,以及鱼类、水生植物生长要求。

第 2 题

此次治理工程既要满足行洪排涝任务,又要兼顾景观蓄水要求。景观蓄水建筑物采用溢流堰,考虑到还需要满足暴雨期过流要求,即北环渠等 8 条河(渠)有行洪排涝要求,初步确定采用拦河坝形式。根据本次总体规划,新建 1 座水闸、9 座液压坝、2 座拦水堰、5 座跌水;新建桥梁 7 座、新修涵洞 17 座。

第 3 题

(1)应尽可能选择在土质均匀密实、压缩性小的天然地基上,避免采用人工处理地基。

(2)工程位置应确保进出拦蓄水建筑物水流比较均匀和平顺,应尽量留有较好的顺直河段。

(3) 选址附近应具有较好的施工导流条件,并要求有足够宽阔的施工场地和有利的交通运输条件,还应考虑建筑物建成后便于管理运用和防汛抢险。

(4)尽可能选择在河床稳定、河岸稳固的河段上。

(5)选址不得影响周边雨水的正常排放。

(6)选址要根据水闸的功用合理布置,且满足周边的景观要求。

第4题

1. 液压升降坝定义：是采用一排液压缸直顶活动拦水坝面背部，实现升坝拦水、降坝行洪目的。采用一排滑动支撑杆支撑活动坝面的背面，构成稳定的支撑墩坝；采用联动钢铰线带动定位销，形成支撑墩坝固定和活动的相互交换，达到固定拦水，活动降坝的目的；更可采用浮标开关，操作液压系统，根据洪水涨落控制活动坝面的自动升降，实现自动化管理。

工作特点：

(1)液压升降坝坝体跨度大，结构简单，支撑可靠，易于建造。

(2)液压升降坝液压系统操作灵活，可采用浮标开关控制，实现自动化操作，达到无人管理。

(3)液压升降坝可畅泄洪水、泥沙、卵石、漂浮物而不阻水，过流能力强，泄量大。

(4)液压升降坝施工简单，施工工期短。

(5) 液压升降坝属于低水头挡水建筑物，广泛应用于城市河流梯级开发，易形成宽阔的水面及瀑布景观，可有效改善生态环境，增加城市绚烂风光。

(6)液压升降坝整体使用寿命可在40年以上。

2. 橡胶坝定义：橡胶坝是用高强合成纤维织物作受力骨架，内外涂敷合成橡胶作黏结保护层加工成胶布，按要求的尺寸锚固在基础底板上，用水或气的压力充胀起来形成挡水坝。不需要挡水时，泄空坝内的水或气，恢复原有河渠的过流断面。橡胶坝适用于低水头、大跨度的闸坝工程，已被广泛用于灌溉、发电、防洪、城市景观、美化等工程。如用于河道上作为低水头、大跨度的滚水坝或溢流堰，可以不用常规闸的启闭机、工作桥等。用于渠系上作为进水闸、分水闸、节制闸，能够方便地蓄水和调节水位及流量。

工作特点：

(1)橡胶坝高度可升可降，并且可从坝顶溢流，可保持河道清洁，节省劳力并缩短工期。

(2)橡胶坝用于城区园林工程时，可采用彩色坝袋，造型优美，线条流畅，可为城市建设增添一道优美的风景。

(3)橡胶坝一般由基础、上建结构、坝袋和控制系统等部分组成，基础一般有垫层法、强力夯实法、振动水冲法和桩基础。上建结构包括底板、岸墙、消力池(护坦)、锚固槽、铺盖、海漫、护坡埋设螺栓等。坝袋由承受坝袋张力的骨架材料和确保气密性的橡胶层构成。

(4)橡胶坝整体使用寿命可在20年以上。

3. 自动翻板闸定义：自控翻板闸门宜用于城市防洪、环境美化、灌溉、发电、供电和旅游等行业，其适用于中、小型河道上游调节水位，特别适合在洪水暴涨暴落，供电、交通不便的山溪性河道上建造。其功能是作为“活动”挡水建筑物取代固定堰或降低溢流堰顶的高度，有效调节库容，从而减少坝上洪水淹没损失和泥沙淤积。自控翻板闸具有实用性广泛、结构简单、造价低廉、便于管理、运行维护费用低、方便可靠、经济效益等显著的优点，为水资源的综合利用开辟了广阔的前景。

工作特点：

(1)原理独特、作用微妙、结构简单、制造方便、运行安全。

(2)施工简便、造价合理,投资仅为常规闸门的 1/2 左右。

(3)自动启闭,自控水位准确,运行时稳定性良好。

(4)门体为预制钢筋混凝土结构,仅支承部分为金属结构;维修方便,费用低。

(5)上游水位稳定,关门后河道水位即与门顶齐平。在运转设计有效范围内,最高运转水位不大于门高的 10%~12%。

(6)由于能准确自动调控水位,在合理使用和利用水资源方面有其独到之处。自动翻板闸根据闸前水位自动开启和关闭闸门,无须人为控制,运行方便。

(7)自动翻板闸整体使用寿命可在 30 年以上。

4. 拦水堰定义:拦水堰为修建在河道和渠道上利用闸门控制流量和调节水位的低水头水工建筑物。

工作特点:

(1)拦蓄水量较小,不能自由调整水面,景观效果较差。

(2)施工简便、造价较低。

(3)不能翻转,不可以占用行洪断面,但运行时稳定性良好。

(4)一般为浆砌石或钢筋混凝土结构,就地施工,一次成型,无须维修,无须人为控制,运行管理费用低。

(5)由于不能翻转,易被淤泥杂物阻塞影响景观效果。

(6)拦水堰整体使用寿命可在 50 年以上。

第 5 题

(1)郭楼港液压坝:郭楼港入小清河前约 200 m 处,桩号为 2+600;

(2)北环渠液压坝:北环渠入小清河前约 100 m 处,桩号为 0+100;

(3)二干退水渠液压坝:二干退水渠入七里河前约 950 m 处,桩号为 9+100;

(4)张路庄液压坝:张路庄港与中央生态休闲绿谷汇合口下游约 350 m 处,桩号为 3+500;

(5)天水湖退水渠液压坝:天水湖退水渠起点处,桩号为 2+050;

(6)七里河 1#液压坝:七里河入小清河前 750 m 处,桩号 0+750;

(7)七里河 2#液压坝:七里河入小清河前 2 850 m 处,桩号为 2+850;

(8)柳港液压坝:柳港与三干渠汇合口下游 50 m 处;

(9)小清河液压坝:北郊调蓄湖水源工程取水口处。

第 4 章

第 1 题

水库大坝工程存在的主要病险问题:

(1)水库大坝渗漏现象比较严重。渗漏主要表现为水库大坝存在渗漏、管涌、散浸、流土,甚至是坝脚呈现沼泽化;浆砌石坝下游坝面及坝内的廊道漏水等现象。出现渗漏的主要原因有以下几个方面:

①水库大坝的土质防渗体渗透性没有满足规范要求。

②水库大坝的坝基、坝肩清理不彻底。

③水库大坝的下游没有设排水棱体或者是排水棱体已经失效了。

④水库大坝的坝下涵管管壁与坝体接合部位发生了冲刷,存在接触冲刷问题。

⑤浆砌石坝砌体不密实,上游防渗面板混凝土产生裂缝,遭到破坏等。

(2)抗震标准不够。主要表现为水库大坝的抗震安全性较低,安全系数没有满足规范要求。如果遇到地震等情况,坝体就会出现裂缝、沉陷、变形和滑塌等现象。出现这些现象的主要原因有:

①水库大坝中的细砂或黏性土有可能液化了,降低了坝坡抗滑稳定性。

②建设水库大坝时,没有考虑到地震设防安全措施,或是地震设防标准低,没有满足现行规范要求。

(3)结构稳定性不满足要求。水库大坝结构的稳定性不满足要求主要表现为溢流坝闸墩结构产生裂缝、变形,下游的冲刷破坏较严重,涵管出现漏水、裂缝甚至断裂等现象。产生这些现象的主要原因有:

①溢流坝闸墩结构单薄,混凝土的强度又低。

②输水隧洞衬砌结构施工质量差,强度低或设计不完善。

③涵管基础差,易产生不均匀变形等。

(4)设备老化,锈蚀严重。容易老化的设备主要有闸门、启闭机等,表现为闸门高度不满足挡水要求,引起变形,启闭机不能正常启闭。出现的主要原因有:某些水库在建坝时,没有进行前期的勘察,缺乏相对应的水文资料,使得现有闸门高度不满足要求,或者是水库调度的改变,造成闸门高度不够等。

第2题

(1)大坝工程:坝顶新建防浪墙;上游坝坡培修、混凝土护坡;下游坡面整修、草皮护坡,新建贴坡排水;坝顶泥结碎石路面等。

(2)溢洪道工程:进口段扩挖护砌;控制段箱涵拆除重建;泄槽段整修护砌;新建消力池。

(3)输水洞工程:右岸输水洞进出口拆除重建,左岸输水洞封堵等。

(4) 完善大坝观测及管理设施,白蚁治理等。

第3题

(1)根据《水库大坝安全评价报告》和《水库大坝安全鉴定报告书》,按照现行规程规范,对主要建筑物的“病”予以处理,确保水库安全,使水库能够正常运行,充分发挥水库的综合效益。

(2)水库的兴利任务不变。

(3)根据现有建筑物的原设计条件、工程地质现状、水库运行几十年来的情况及当前科技进步的条件,提出合理除险加固方案。

(4)不增加新的移民安置任务。

(5)加固工程的施工尽量减少对水库的正常运行影响,并确保施工安全。

(6)加固措施的选择要慎重考虑原建筑物设计的实际情况,进行加固改造。

(7)加固方案选择要做到技术先进、经济合理、安全可靠且有利于工程的管理。

参考文献

[1] 中华人民共和国水利部. 水利水电工程设计洪水计算规范:SL 44—2006 [S]. 北京:中国水利水电出版社,2006.

[2] 中华人民共和国住房和城乡建设部,中华人民共和国国家质量监督检验检疫总局. 防洪标准:GB 50201—2014 [S]. 北京:中国标准出版社,2015.

[3] 中华人民共和国水利部. 治涝标准:SL 723—2016 [S]. 北京:中国水利水电出版社,2016.

[4] 中华人民共和国住房和城乡建设部. 室外排水设计标准:GB 50014—2021[S]. 北京:中国计划出版社,2021.

[5] 中华人民共和国水利部. 水利水电工程等级划分及洪水标准:SL 252—2017 [S]. 北京:中国水利水电出版社,2017.

[6] 中华人民共和国水利部. 水利水电工程施工组织设计规范:SL 303—2017 [S]. 北京:中国水利水电出版社,2017.

[7] 中华人民共和国国家质量监督检验检疫总局,中国国家标准化管理委员会. 中国地震动参数区划图:GB 18306—2015[S]. 北京:中国标准出版社,2016.

[8] 中华人民共和国住房和城乡建设部. 城市防洪工程设计规范:GB/T 50805—2012 [S]. 北京:中国计划出版社,2012.

[9] 中华人民共和国住房和城乡建设部. 堤防工程设计规范:GB 50286—2013 [S]. 北京:中国计划出版社,2013.

[10] 中华人民共和国水利部. 碾压式土石坝设计规范:SL 274—2020 [S]. 北京:中国水利水电出版社,2021.

[11] 中华人民共和国建设部. 岩土工程勘察规范:GB 50021—2001 [S]. 北京:中国建筑工业出版社,2004.

[12] 中华人民共和国住房和城乡建设部,国家市场监督管理总局. 泵站设计标准:GB 50265—2022 [S]. 北京:中国计划出版社,2022.

[13] 中华人民共和国水利部. 水闸设计规范:SL 265—2016 [S]. 北京:中国水利水电出版社,2017.

[14] 中华人民共和国水利部. 灌溉与排水渠系建筑物设计规范:SL 482—2011 [S]. 北京:中国水利水电出版社,2011.

[15] 中华人民共和国水利部. 水工挡土墙设计规范:SL 379—2007 [S]. 北京:中国水利水电出版社,2007.

[16] 中华人民共和国水利部. 橡胶坝技术规范:SL 227—1998 [S]. 北京:中国水利水电出版社,1999.

[17] 中华人民共和国水利部. 小型水利水电工程碾压式土石坝设计规范:SL 189—1996[S]. 北京:中国水利水电出版社,1997.